Dominique Pestre

Science, argent et politique

Un essai d'interprétation

Une conférence-débat organisée
par le groupe *Sciences en questions*
Paris, INRA, 22 novembre 2001

Institut National de la Recherche Agronomique
147, rue de l'Université, 75338 Paris cedex 07

La collection "Sciences en questions" accueille des textes traitant de questions d'ordre philosophique, épistémologique, anthropologique, sociologique ou éthique, relatives aux sciences et à l'activité scientifique. Elle est ouverte aux chercheurs de l'INRA mais aussi à des auteurs extérieurs.

Directeurs de collection

Raphaël Larrère
Françoise Lescourret

Le groupe de travail "Sciences en questions" souhaite favoriser la réflexion critique des acteurs de la recherche sur l'activité scientifique et ses implications. Son ambition première est d'enrichir la réflexion interne à l'INRA en l'alimentant de contributions propres à éclairer, sous une forme accessible et attrayante, les débats contemporains sur la science et la recherche.

Texte rédigé par l'auteur à la suite de la conférence avec la collaboration d'Elena Rivkine et mis en forme par Patricia Perrot.

© INRA, Paris, 2003 ISSN : 1269-8490 ISBN : 2-7380-1100-4

À ma mère
À mon père
Aux miens

"(...) une démocratie n'est pas un régime politique sans conflits, mais un régime dans lequel les conflits sont ouverts et en outre négociables (...) Sous ce régime, le conflit n'est pas un accident ni un malheur ; il est l'expression du caractère non décidable de façon scientifique ou dogmatique du bien public (...) La discussion politique est sans conclusion, bien qu'elle ne soit pas sans décision".

Paul Ricoeur (1991), 166-167

"La démocratie, en empêchant l'exclusion par le marché, accroît la légitimité du système économique et le marché, en limitant l'emprise du politique sur la vie des gens, permet une plus grande adhésion à la démocratie (...) La démocratie, pour que l'économie de marché soit acceptable, doit donc avoir son mot à dire dans les décisions de dévolution des revenus et des richesses".

Jean-Paul Fitoussi (2002), 7-8

Préface

Dominique Pestre, que nous accueillons aujourd'hui, est directeur du Centre Alexandre Koyré (Centre d'histoire des sciences et des techniques) qui associe l'EHESS, le CNRS et le Muséum National d'Histoire Naturelle. Mais il l'est à l'issue d'un parcours atypique, qui donne à réfléchir sur les itinéraires un peu trop balisés, que l'on a trop tendance à proposer de nos jours à nos jeunes chercheurs et doctorants.

Tu m'as dit que, quand on est issu d'un milieu modeste et que l'on est bon en maths et en physique, on n'envisage même pas de caresser l'idée d'une carrière littéraire. Tu étais donc parti pour être physicien. Ta maîtrise en poche, tu as entamé un DEA qui était censé porter sur la résolution de l'équation de Schrödinger du benzène. En réalité, tu vas te trouver confronté à un fastidieux travail de programmation informatique. Découragé, tu abandonnes le DEA et vas enseigner les mathématiques dans des institutions privées. Dès 1973 – c'est-à-dire l'année suivante – tu suis, tout en enseignant les mathématiques, des études d'histoire. Trois ans plus tard, tu obtiendras l'agrégation, l'ayant préparée "par correspondance".

Te voici, six ans durant, enseignant l'histoire aux élèves des collèges et des lycées de la région de Reims. Pendant ce temps, tu t'engages dans une thèse, sous la direction de Krzysztof Pomian à l'EHESS, et tu la soutiens en 1982. Elle traite de la physique et des physiciens français de 1918 à 1940. Ce choix s'inscrit peut-être dans la continuité de tes espoirs de DEA puisque, si j'ai bonne mémoire, Louis de Broglie refusa comme Schrödinger le compromis de Copenhague que Niels Bohr imposa à la physique quantique. Il n'est surtout pas innocent, puisque les physiciens français de l'époque ont largement contribué au développement de la physique nucléaire et de ses retombées industrielles et militaires… celles qui t'intéressent depuis lors.

Toujours est-il que cette histoire culturelle et cette étude de la sociabilité d'un milieu scientifique, parce qu'elle se préoccupe de la science en société, tranche avec une tradition française, partagée entre l'érudition historiographique à la Taton, et l'histoire conceptuelle des philosophes, brillamment illustrée par Canguilhem (j'espère que tu m'en excuseras mais, quoique ayant découvert tout l'intérêt des recherches sur la science en acte dans une société, j'ai gardé, par tournure d'esprit, une certaine fidélité à l'histoire conceptuelle des sciences et une admiration pour ceux qui l'ont si bien servie, comme le fit, entre autres, Canguilhem – après tout, le dogmatisme est une affaire de disciples).

Par chance, l'originalité de ta démarche ne te dessert pas. Tu es, l'année suivante, recruté au CNRS, et plus précisément au Centre de recherches historiques de l'EHESS. Puis, après des tribulations administratives que je préfère ne pas imaginer, te voici à Genève, intégré dans le groupe de recherche sur l'histoire du CERN (Centre d'études et de recherches nucléaires).

Je m'autorise ici une petite digression, pour le cas où cela donnerait quelques idées à notre propre institution. En 1983, le CERN n'est pas bien vieux. La convention qui l'a créé a tout juste trente ans, et le principal synchrotron n'est en service que depuis 1959. Pourtant, dès 1961, Lev Kovarski, l'un des initiateurs du projet, s'applique à en analyser la préhistoire. Au cours des années 70, ce premier effort est poursuivi. On classe les archives, on recueille des témoignages oraux. C'est peut-être parce que la physique des particules coûte de plus en plus cher – c'est la loi des rendements décroissants – et ne débouche pas sur des innovations immédiatement exploitables, que le CERN, se sentant menacé, éprouve le besoin de légitimer son action en l'inscrivant dans une histoire politique et sociale. Quoi qu'il en soit, il va attirer une équipe internationale d'historiens des sciences et la doter d'un budget pour le moins confortable. En sortiront, de 1987 à 1996, trois gros ouvrages auxquels tu as largement contribué. L'INRA existe depuis plus de trente ans et je ne pense pas que nous ayons déjà commencé à classer sérieusement nos archives.

À vrai dire, cette expérience est pour toi une sorte de long et fructueux post-doc ; long, puisque ça va durer cinq ans ; fructueux, parce que tu vas y découvrir, grâce à ton collègue John Krige, qu'au-delà d'îlots isolés, comme toi-même ou Bruno Latour (dont tu avais lu quelques articles), il y avait un archipel : le réseau international des *social studies of sciences*.

Historiens, philosophes, anthropologues ou sociologues, tous ces chercheurs se préoccupent moins de la "science faite", de cette science consolidée chère aux épistémologues, que de la "science qui se fait" ; moins du travail sur les concepts, que des pratiques de recherche ; moins des connaissances validées et certifiées, que de la manière dont elles le sont, des controverses, des hésitations, des incertitudes qui les concernent ; ils s'intéressent moins, enfin, à la production des connaissances en tant que telles qu'à leurs conditions d'émergence et à leur insertion dans un contexte social et économique donné.

Dès lors, ta voie est tracée. C'est à cette histoire des "sciences en société", que tu vas donner droit de cité en France. Tu vas t'y employer, dès l'épisode de Genève, obtenant un module intitulé "Sciences et Société" dans le tout nouveau DEA d'histoire des sciences de Paris VII. Dans une relation quelque peu polémique avec des universitaires fidèles à l'histoire conceptuelle des sciences – cette histoire quelque peu désincarnée – tu y trouveras l'occasion, jusqu'en 1997, d'initier de jeunes étudiants (dont pas mal sont dotés d'une culture scientifique), à cette histoire sociale des sciences que tu entends servir.

Tu poursuivras cet objectif, de 1992 à 1995, en dirigeant le Centre de recherche d'histoire des sciences et des techniques de la Villette ; un objectif qui est sans doute en train de se réaliser, depuis qu'en 1997, tu as pris la direction du Centre Alexandre Koyré. Tes activités d'enseignant (tu es alors aussi professeur invité à Sao Paulo, au Californian Institute of Technology à Berkeley, à Harvard), ne t'empêchent pas de poursuivre des recherches personnelles. Tu t'orientes d'abord vers l'analyse des grands systèmes technoscientifiques que les pays développés ont mis en place, après la seconde guerre mondiale : la conquête de l'espace, le nucléaire et, dans le prolongement de l'épisode du CERN, la physique des interactions (fortes et faibles) du noyau atomique.

Cela te conduira logiquement à étudier plus spécifiquement la place des sciences et des techniques dites de pointe dans les champs industriels et, plus encore, dans le champ militaire. Parallèlement, au travers de monographies, dont un livre sur "Louis Neel, le magnétisme et Grenoble", tu étudies l'émergence d'un capitalisme scientifique et son rôle dans la dynamique industrielle d'une région. Enfin, élargissant la profondeur historique de tes investigations, tu engages des travaux visant à étudier, depuis la Renaissance, ce que j'appellerais les relations de la science avec l'autorité – qu'il s'agisse des relations de l'activité scientifique avec les autorités établies (religieuses, politiques et sociales), de la construction des autorités scientifiques elles-mêmes, ou de la manière dont l'autorité de la science s'est imposée pour avoir été instrumentalisée par d'autres champs (politique en particulier).

Recherches et cours te permettent d'écrire en 1995 un article dans les *Annales*, article programmatique qui s'intitule "Pour une histoire sociale et culturelle des sciences : nouvelle définition, nouveaux objets, nouvelles pratiques". L'ambition du programme semble avoir plu, puisque l'on te suggère, dès l'année suivante, de postuler à un poste de directeur d'études à l'EHESS, puis de prendre la direction du Centre Alexandre Koyré. Les choses alors se précipitent. Le Centre recrute chaque année, tant du côté CNRS que de l'EHESS, et il bénéficie de détachements. Il comprend aujourd'hui une quarantaine de personnes, assure une bonne couverture de l'histoire des sciences naturelles et des sciences exactes à l'âge classique, ainsi que de la physique et des mathématiques contemporaines. Mais il désirerait maintenant, selon toi, investir l'histoire sociale contemporaine des sciences du vivant, et c'est peut-être ce qui nous vaut le plaisir de t'accueillir aujourd'hui à "Sciences en questions".

Raphaël Larrère
Directeur de recherche à l'INRA

En guise de préambule…

Ce texte est un essai. Il porte sur les sciences dans leur rapport au politique et à l'économique, aujourd'hui et dans l'histoire. Il cherche à saisir la variété des manières de produire du savoir au fil du temps, les liens complexes que les savoirs entretiennent avec le fonctionnement des sociétés – et à comprendre l'importante mutation que nous semblons vivre depuis deux ou trois décennies. Il revient sur ce qu'a été la modernité des sciences du XVIe au XIXe siècles, sur les interactions nouvelles qui se sont alors manifestées entre production de savoirs, institutions sociales et volontés politiques. Il s'attarde ensuite sur le régime d'existence et de production des sciences qui prévaut des années 1870 aux années 1970 – un moment essentiel de transformation qui nous marque encore profondément aujourd'hui – le but explicite étant de construire un contrepoint pour une analyse plus fine des changements intervenus récemment. Finalement il prend de front la période récente, précisant ce qu'est le nouveau rapport de la (techno-)science à la finance et à la production industrielle d'abord, à la démocratie et au politique ensuite. Il propose une analyse du nouvel équilibre qui prévaut de nos jours entre science ouverte et science privée, et revient sur la nature des défis que la science pose aux sociétés et aux individus de ce début de XXIe siècle.

Ce livre s'engage dans plusieurs débats. L'un d'eux concerne la nature des sciences et des activités scientifiques, un autre les dynamiques techno-scientifiques dans le monde social contemporain, un troisième les régulations politiques à mettre en œuvre dans les sociétés industrielles avancées. Il essaie de dépasser les cloisonnements traditionnels entre spécialités et approches qui se rencontrent peu. Il mobilise donc l'histoire des sciences et l'économie du changement technique, la question des controverses publiques et l'analyse des risques et de leur prévention, l'histoire industrielle comme l'histoire de la propriété intellectuelle.

Cet essai choisit de construire une image large cherchant à confronter et tirer parti de ces différentes approches. Non par goût du syncrétisme, mais parce que la mobilisation de toutes ces dimensions est la condition pour penser le changement que nous connaissons depuis trente ans. Il lie donc le très contemporain et le temps long de nos sociétés, la sphère des activités scientifiques et celles du social et des valeurs. Il souhaite aussi réunir analyses descriptives et suggestions normatives, énoncés de principes et saisies de leurs limites.

Ce livre est aussi une prise de position sur l'intérêt d'une bonne connaissance du passé pour penser notre présent. La lecture historique que je suggère dans les deux premiers chapitres de l'ouvrage est directement instruite par la situation actuelle ; en retour elle oblige à préciser nos descriptions du présent et suggère une autre chronologie possible pour écrire l'histoire de nos sociétés et des sciences en société. Elle propose donc des pistes de recherche pour l'historien désireux d'insérer radicalement le développement des sciences dans l'histoire générale et offre au scientifique un cadre plus général de lecture. Ce livre s'adresse enfin au politiste, au sociologue et au philosophe cherchant à penser le contemporain et son rapport profond et organique avec le scientifique.

En termes de méthode, cet essai fait confiance aux études empiriques précises, aux études de cas détaillées – et au "retour d'expérience" qu'elles autorisent[1]. Il postule aussi qu'il faut savoir "alterner" les angles de visée, qu'une bonne compréhension des choses passe par la mobilisation de points de vue multiples[2]. Il faut savoir être sociologique un jour, suivre la logique des acteurs le lendemain ; chercher "les intérêts bien compris" des uns et des autres le matin, croire à la générosité des actes et des intentions l'après-midi – et se limiter à une approche procédurale la nuit ("comment l'on s'accorde entre sujets, sur des sujets et sur des choses",

---

1. Un très bel exemple est Lagadec (2001).

2. Voir par exemple l'introduction de Haraway (1989).

"comment l'accord social se fait, échoue à se défaire ou se défait"[3]). Être kaléidoscopique n'est pas nécessairement une faiblesse, c'est souvent le fondement de la richesse, dans les sciences "dures" comme dans les sciences "humaines". Construire des univers de compréhension cohérents est certes essentiel (n'est-ce pas l'objectif de toute science ?), savoir la violence qu'une telle attitude fait souvent courir à nos objets l'est tout autant. Je suis un héritier des Lumières et je fais une grande confiance au travail de la raison (n'est-ce pas le parti pris de tout intellectuel ?) mais je serais plutôt pour des Lumières "*tamisées*", pour reprendre le mot de Philippe Corcuff, des "Lumières" qui pensent la rationalité comme toujours limitée et prônent une attitude de retenue et de modestie devant nos propres constructions, toujours trop "situées", trop partiales, trop dépendantes du temps et de notre existence sociale pour qu'on leur fasse (toujours et à jamais) confiance[4].

En termes politiques, ce livre part du constat que nous vivons en économie de marché et en démocratie, et que la science entretient des relations très ambiguës avec elles deux[5]. Il part de l'idée qu'économie de marché, démocratie et sciences seront les ingrédients de notre avenir mais que les tensions seront toujours vives entre les trois. En démocratie, la confrontation des idées est centrale mais souvent sans conclusion. Le conflit n'y est ni un accident ni un malheur, il est ce avec quoi il faut vivre, "l'expression du caractère non décidable de façon scientifique ou dogmatique du bien public"[6]. Les sciences pensent spontanément, au contraire, que la vérité est une, qu'elle est rationnellement décidable, que l'opinion n'a rien à faire avec ses conclusions – ce qui ne peut être si simple lorsqu'on parle des sciences en société et de leur capacité à transformer le monde

---

3. L'expression est de Lepetit (1995).
4. Corcuff (2002).
5. Voir l'article très incisif de Fitoussi (2002) sur ce point.
6. Ricoeur (1991), 167.

matériel et social. La logique du monde des affaires est pour sa part transversale aux deux précédentes puisqu'elle n'est pas centrée sur l'échange d'arguments, qu'on y invoque des "mains invisibles", que le rapport de cet univers aux pratiques de science est souvent d'instrumentalisation – même si ce monde a besoin des savoirs comme il dépend du politique et de l'ordre que ce dernier instaure. Des conflits de légitimité sont donc dans l'ordre des choses.

D'un point de vue personnel, cet essai a aussi son origine dans la misère du monde et des oubliés de la prospérité – très certainement parce qu'ils sont les miens et que leur sort me touche et m'émeut. Cette situation personnelle et affective (n'est-ce pas le sort de chacun que d'avoir un lieu social très présent dans la détermination de ses objets et valeurs ?) marque bien sûr mes questions et mes insistances – sans, je l'espère, "m'aveugler l'esprit" plus que de raison. Dans tous les cas, ce sera au seul lecteur de juger de l'intérêt de l'entreprise[7].

Paris, le 14 mars 2003

---

7. Je tiens tout particulièrement à remercier Christophe Bonneuil de ses lectures attentives, de ses commentaires acérés, de ses conseils de lecture. Ce texte lui doit beaucoup. Je remercie aussi les participants du séminaire que je tiens avec Amy Dahan et Jean-Paul Gaudillière au Centre Alexandre Koyré. Les échanges y ont été particulièrement intenses avec Michel Armatte, Alain Desrosières, Yves Duroux, et bien sûr Amy Dahan, Jean-Paul Gaudillière et Christophe Bonneuil. Je remercie enfin Delphine Gardey pour nos échanges continus et toujours fructueux sur toutes ces questions.

Chapitre 1

La proposition de l'historien. Savoirs et pouvoirs du XVIe au XIXe siècle

Énoncée de façon la plus simple et concise, ma préoccupation est, dans ce livre, de repérer les questions que nous ne pouvons pas ne pas nous poser en ce début de XXIe siècle si nous manifestons quelque sensibilité aux sciences et à ce qu'elles produisent comme savoirs, objets techniques et capacités d'intervention pratique sur le monde, à ce qui lie sciences, pouvoirs, États et industries, à ce qui lie science, société, politique, expertise et décision publique.

Des modes de production des savoirs depuis cinq siècles

Comme point d'entrée, je m'appuierai sur deux ouvrages publiés récemment, deux ouvrages qui ont posé une thèse très forte, qui ont été discutés longuement dans les milieux intellectuels et politiques, et qui ont l'avantage de nous mettre au cœur du problème. Le premier, préparé sous la direction de Michael Gibbons en 1994, s'intitule *The New Production of Knowledge*. Le second, co-rédigé par Nowotny, Scott et Gibbons en 2001, approfondit plusieurs des notions du premier. Il s'intitule *Re-Thinking Science. Knowledge and the Public in an Age of Uncertainty*. Sans prétendre résumer ces deux livres, je dirais qu'ils visent à comprendre les changements majeurs qui ont affecté nos sociétés et nos manières de produire des sciences depuis trente ans. La thèse centrale des deux livres est qu'un nouveau mode de production des savoirs a émergé à côté du mode classique qui a dominé l'Occident depuis la Révolution Scientifique, que notre manière de faire de la science a été radicalement modifiée durant ces trois dernières décennies – et que cette modification a pris place dans un changement profond du monde social et politique lui-même, qu'elle s'est développée en parallèle à un nouveau régime de régulation sociale. Résumant d'un mot, les auteurs parlent d'une co-transformation de l'univers social et de celui des sciences, sciences qui ont été profondément reconfigurées dans leurs pratiques, leurs institutions, leurs épistémologies et leur relation au monde. Si l'on devait évoquer des situations précises sous ces thèmes généraux, on pourrait contraster la physique des particules des années 1950 et 1960, alors au sommet de sa gloire et de sa renommée, avec la génomique des années 1980 et 1990, elle-même devenue emblématique, dans les médias et l'imaginaire collectif, de la nouvelle science qui gagne[8].

Plus précisément, les auteurs différencient le mode classique du mode actuel de production des savoirs en mobilisant des couples d'oppositions. Trois ou quatre peuvent être évoqués. Institutionnellement, le premier mode serait centré sur l'université et son éthique alors que le second est distribué entre des lieux très divers aux échelles de valeurs variées : ces mêmes universités mais aussi des firmes innovantes, des institutions financières pourvoyeuses de capital risque et dépendant étroitement des marchés, des structures de partenariat nombreuses entre intérêts privés, fondations et laboratoires publics. Dans cet univers, les chercheurs ont des origines, des formations, des traditions et des intérêts multiples et leur circulation d'un lieu à l'autre est recommandée (on peut penser, en France, aux incitations du CNRS ou du ministère pour la mobilité des chercheurs, les échanges avec l'industrie ou la création d'entreprises)[9]. Le premier mode est hiérarchique dans ses fonctionnements (il va plutôt du professeur aux doctorants), il est stable institutionnellement (du fait de la suprématie des structures d'enseignement et des financements pérennes venus des États) et il préfère les approches disciplinaires : les savoirs sont validés par des professionnels socialisés aux mêmes paradigmes, ceux de la biologie moléculaire par exemple. Le second mode est au con-

8. Gibbons *et al.* (1994) et Nowotny *et al.* (2001).

9. On regardera à ce propos le site du CNRS, http ://www.cnrs.fr.

traire plus souple et transitoire dans ses formes organisationnelles (les collaborations, dont les raisons d'être ont parfois leur origine dans les besoins économiques, la demande sociale ou les exigences des actionnaires *via* le Nasdaq, doivent s'adapter à des situations toujours nouvelles), et il ne peut pas ne pas mobiliser des ressources extra-universitaires et trans-disciplinaires (pensez à la modélisation climatique globale qui fait collaborer des scientifiques, des juristes, des économistes et des diplomates). Le premier mode met l'accent sur l'autonomie du jugement scientifique fondé sur l'appréciation exclusive des pairs et la valeur intrinsèque des résultats, il se conçoit comme indépendant du jugement social, alors que le second met en jeu des forums multiples de validation : tel résultat retenu ici réussit techniquement, là il est heuristiquement riche pour un programme de recherche, dans tel autre cas il répond aux attentes d'un secteur industriel ou d'un gouvernement. Le premier mode est celui d'une science pure, en ceci qu'elle vit de façon autonome, assez loin des exigences de la vie sociale (les controverses publiques liées à la découverte du vecteur boson intermédiaire au CERN au début des années 1980 ont été très limitées !) tandis que le second est souvent imbriqué aux demandes de régulation sociale et opère en situation d'incertitude et d'urgence (l'affaire du sang contaminé). Devant répondre à des questions qui ne sont pas les siennes ou qui excèdent ce qu'il sait et sait faire, le savant doit s'aventurer au-delà des certitudes que confère l'approche expérimentalement contrôlée, au sein du laboratoire, de problèmes définis par lui seul, de l'intérieur même de la science.

En effet ce changement n'est pas seulement dû à une autre implication des sciences en société mais aussi à un changement de nature des sciences elles-mêmes, à une capacité nouvelle de celles-ci à agir sur le monde et à le transformer de façon profonde et radicale. Lorsqu'on évoque l'environnement et sa gestion, l'introduction des organismes génétiquement modifiés, la reproduction humaine techniquement assistée, le nucléaire et la question des déchets ou les grands équilibres de la planète, les notions de "forums hybrides", de "trans-disciplinarité" ou de "dynamique d'emblée sociale" prennent un autre sens puisqu'il s'agit de mobiliser des ressources diverses pour penser le futur de l'humanité ou de la planète et qu'il s'agit d'analyses "en temps réel" pour l'action immédiate, d'analyses qui ne peuvent se mener qu'en lien avec le politique et qui doivent déboucher sur des propositions d'actions. Il ne s'agit donc plus seulement de "faire collaborer" des scientifiques d'origines diverses autour d'une question "technique", comme dans le cas d'une science des matériaux nouvelle à inventer vers la fin des années 1950, mais de questions à traiter dans l'urgence et qui sont organiquement liées aux pratiques industrielles, à la question des choix économiques et politiques, à des questions sanitaires et de survie de groupes sociaux entiers – comme les agriculteurs dans le cas de la vache folle.

Ici, les sciences sont souvent les acteurs premiers (elles mettent en branle les choses en développant des outils techniques déstabilisant notre univers social et naturel) et les acteurs de fin de cycle (on leur demande d'aider à régler ce qu'elles sont elles-mêmes en train de déplacer). Les problèmes sont définis de l'extérieur, car un drame sanitaire non anticipé surgit, car un groupe de pression – Greenpeace par exemple – refuse une solution techno-scientifique particulière. Ces problèmes se déploient dans une temporalité définie par les exigences sociales et politiques et non par celles de la recherche scientifique académique – et on comprend qu'ils s'apprécient alors selon des critères variés et irréductiblement conflictuels puisque reflétant des choix de vie opposés. La transdisciplinarité n'est donc plus alors qu'un élément, et pas nécessairement le plus intéressant ni le plus décisif, de questions plus larges qui sont celles des choix que la société veut faire pour son avenir, et des formes que doit prendre le débat démocratique. Le point fait par Gibbons et ses collègues devient alors capital. Certes les experts et les scientifiques ont un rôle central à jouer dans ces débats, par définition pourrait-on dire, mais les enjeux sont tels qu'ils ne peuvent en être les seuls intervenants ni les seuls juges. La techno-science, et le monde industriel qui lui est lié, ont en effet la capacité de transformer si radicalement le monde naturel et le monde social que la question devient pleinement une question politique dans des sociétés de plus en plus éduquées scientifiquement, de plus en plus désireuses de maîtriser leur destin – et qu'il est sage de respecter démocratiquement[10].

Toute personne travaillant aujourd'hui dans l'univers des sciences ne peut qu'avoir un sentiment de familiarité à la lecture de cette description et la thèse est stimulante pour qui cherche à suivre les multiples facettes de la techno-science contemporaine, pour qui cherche à suivre les redéfinitions en cours dans les réseaux techniques-scientifiques-industriels-sociaux-politiques d'aujourd'hui. Clairement, un changement majeur a eu lieu dans les années 1970-1980, tant dans la nature des savoirs produits que dans le rapport au monde des affaires et au complexe social. Le monde économique et la production de connaissances entretiennent des relations plus étroites et organiques, plus variées et tortueuses que précédemment, et le monde social perçoit différemment la techno-science et ses capacités de transformation ; le lien au politique, via l'expertise et la contestation sociale, en est démultiplié. En tant que proposition de synthèse visant à caractériser les mutations en cours, ces livres sont d'une grande pertinence. Ils indiquent bien, en particulier, en quoi l'extension quantitative de certaines pratiques semble conduire à un changement qualitatif d'ensemble.

---

10. Contrastant radicalement les deux modes, le premier livre écrivait en introduction : "*The new mode operates within a context of application* [la multiplicité des lieux de l'innovation techno-scientifique contemporaine] *in that problems are not set within a disciplinary framework. It is transdisciplinary rather than mono- or multi-disciplinary. It is carried out in non-hierarchical, heterogeneously organised forms which are essentially transient* [via, par exemple, des collaborations associant divers spécialistes relevant de types d'institutions différentes]. *It is not being institutionalised primarily within university structures. Mode 2 involves the close interaction of many actors throughout the process of knowledge production and this means that knowledge production is becoming more socially accountable. One consequence of these changes is that mode 2 makes use of a wider range of criteria in judging quality control. Overall, the process of knowledge production is becoming more reflexive and affects at the deepest levels what shall count as good science*" (Gibbons *et al.*, 1994, p. 1-3).

D'un autre côté, toutefois, la manière dont cette mutation est évaluée, et la manière dont elle est mise en perspective historique, ne vont pas sans poser problème. La description est en effet un peu à courte vue – notamment parce qu'elle méconnaît l'histoire – et parfois quelque peu manichéenne (y compris en termes politiques) dans les oppositions qu'elle construit. Parce qu'elle réduit le passé à une simplification peu convaincante (ce premier mode de production des savoirs centré sur la seule université et insensible au monde social), elle ne voit que partiellement ce qui fait le propre de notre présent, ce qui fait sa spécificité ; parce qu'elle saisit mal ce présent, elle le décrit de façon trop lâche, elle tend à accompagner le mouvement et ne nous donne pas les armes intellectuelles permettant, éventuellement, de lui résister.

La thèse défendue dans ce livre

Je souhaiterais mettre d'abord en perspective longue la question des deux modes de production des sciences évoqués par Gibbons, Nowotny et leurs collègues. M'appuyant sur les travaux les plus récents de l'histoire des sciences et des techniques, je souhaiterais insister sur trois points :

– Le contraste établi entre les deux modes de production de savoirs qu'évoquent Gibbons et Nowotny n'est pas pertinent d'un point de vue historique. Ces deux modes, si on les prend comme des cas limites permettant de caractériser des situations concrètes, toujours infiniment plus complexes, ont toujours co-existé et ont toujours été présents en parallèle depuis la Renaissance. Le premier mode n'a jamais existé sous sa forme pure parce *que la science moderne en tant qu'institution, celle qui se met en place aux XVIe et XVIIe siècles, a toujours été du plus haut intérêt pour les pouvoirs politiques, économiques et militaires*. L'idée, bien banale, est que les savoirs ont permis depuis longtemps la conception de techniques, d'objets matériels et d'armes ; qu'ils ont contribué activement à la maîtrise pratique du monde, à la production et à la mise en œuvre du contrôle politique ou des opérations militaires ; qu'ils ont été décisifs dans la reproduction des élites et leur sélection ; et qu'ils ont offert des idéaux et des normes, de nouvelles façons d'être au monde.

– Les "scientifiques" ont depuis longtemps été immergés dans des réseaux excédant largement les seules structures académiques et universitaires, et la science a toujours été produite dans des lieux et sous des patronages très variés – les universités certes, mais aussi les académies de l'époque moderne (qui peuvent être très liées aux pouvoirs temporels), les cours princières, les institutions militaires et les écoles d'ingénieurs, des contextes populaires, artisanaux ou industriels. Le fait, nous le savons, que Galilée ait successivement "travaillé" dans le cadre de l'université et à la cour du grand duc de Toscane n'est pas sans importance pour les types de production intellectuelle qui furent les siens. Nous savons que son appartenance à la cour des Medicis puis à la cour pontificale, la protection que celles-ci lui ont accordée, l'indépendance qu'elles lui ont permis de gagner par rapport aux universités et aux jésuites, lui ont ouvert la possibilité d'une autre pratique de la philosophie naturelle, et l'ont autorisé à tenir publiquement d'autres énoncés. Parce qu'il s'appuie alors sur des sociabilités puissantes, parce qu'il met de son côté un autre réseau de pouvoir que celui constitué par ses anciens collègues, il peut rendre audible et légitime une nouvelle manière de définir "le métier" de philosophe, une autre hiérarchie des savoirs (par exemple entre philosophie naturelle et mathématique), une nouvelle manière (mathématisée) de faire de la physique. Son insertion dans le monde de la cour et sa capacité à l'intéresser et la mobiliser permettent de comprendre son succès, de relire son ascension rapide, celle de ses manières de faire et de ses résultats, mais aussi sa chute, tout aussi dramatique, et son procès[11].

11. Biagioli (1993).

Cette remarque n'implique pas que rien ne change au cours du temps – ce qui serait le comble des énoncés de la part d'un historien ! Je pense au contraire que des périodisations sont à élaborer, que celles-ci n'existent pas actuellement, la plupart des grandes fresques historiques concernant les sciences ayant d'abord été des histoires d'idées et de concepts. Je pense donc qu'il nous faut penser l'histoire des quatre ou cinq derniers siècles comme marquée par la succession de *régimes de savoirs* articulés sur des *modes sociaux d'existence,* que notre tâche première est de caractériser le plus fidèlement possible ces régimes dans toute leur complexité et leurs contradictions, et en particulier le régime qui s'est mis en place sous nos yeux dans les deux ou trois dernières décennies. Je ne suis pas en mesure de le faire ici pour les cinq siècles ; je me contenterai donc de pistes de travail pour la période qui s'étend du XVIe au XIXe siècle et ne tenterai une description plus complète que pour les années 1870-1970, dans mon second chapitre.

– J'ajouterai finalement que les deux modes idéaux de production proposés par Gibbons et ses amis sont aussi des discours que les savants ont eux-mêmes constitués et qu'ils ont essayé de transformer en systèmes normatifs. Le discours de la science pure, notamment, a pris sa forme définitive au XIXe siècle, moment à partir duquel il a joué un rôle culturel décisif. Élaboré dans le cadre des institutions académiques et universitaires, il a contribué à légitimer les "savants" et les "intellectuels" en en faisant des personnages au-dessus de la mêlée, des personnages dédiés à la seule connaissance et au bien public, des personnages "désintéressés" – et ce, au moment même où leur insertion dans le monde des affaires et d'industries basées sur la connaissance prenait un nouvel envol et une nouvelle forme. Ce discours de la science pure, devenu une évidence, a aussi permis à l'Occident de fonder et soutenir ses idéaux intellectuels et ses valeurs morales. Réussissant à occulter l'insertion réelle des savants dans le monde, il a aidé à positionner la "civilisation occidentale" comme supérieure. Nos savoirs "purs" étaient en effet capable de séparer les faits des fictions, la réalité des chimères – toutes choses que les autres cultures continuaient à mélanger – et ensuite à les rendre opérationnelles, à les "appliquer". Il a aussi permis aux savants d'être politiquement irresponsables : la Science qu'ils produisaient était un savoir pur élaboré dans un espace séparé et neutre intellectuellement et ses créateurs ne pouvaient être tenus pour responsables des mauvais usages qui étaient faits de leurs découvertes. Récemment, ce discours a perdu de sa superbe.

En d'autres termes, l'assertion et la répétition que le mode de la science pure correspond à ce qui se passe de vraiment important en science jusqu'aux dernières décennies, remplissent une fonction essentielle en termes "idéologiques" consistant à marquer la supériorité intrinsèque de nos modes scientifiques de penser et d'être. Ce type d'affirmation, qui a été et est encore largement dominant dans les discours sur la science, et notamment les discours des intellectuels scientifiques, permet de maintenir et de réactiver deux grandes césures. D'une part, la division qui nous est fondamentale entre matière et esprit, entre objet et sujet connaissant, entre le monde tel qu'il est (qui est connaissable en soi) et nous qui sommes en position d'en énoncer le vrai. De l'autre, la division entre les pratiques quotidiennes et "ordinaires" de laboratoire ou de terrain, et les comptes-rendus purifiés et purifiants qui en sont proposés. Du côté laboratoire, les faits sont faits, ils sont le produits d'actions complexes et impures accomplies dans des espaces bien spécifiés ; de l'autre ils sont dits du côté de la seule Nature et d'abord "découverts". D'un côté, du sens leur est donné dans des ordres sociaux et humains toujours spécifiques, et ils contribuent à redéfinir ces ordres, intellectuellement et matériellement ; de l'autre ils sont énoncés comme disjoints de tout système de valeurs et sont donc donnés comme socialement neutres, comme décrivant la nature dans sa réalité, comme disant simplement le vrai. Ils deviennent ainsi incontestables, notamment par les profanes[12].

---

12. Latour (1996).

Le discours tenant le mode de la science pure comme forme historique par excellence de la production des savoirs scientifiques apparaît ainsi comme un discours dont le but est d'aider à oublier ce qui nous définit, à oublier la nature profondément locale et sociale de nos savoirs, à oublier que tout processus de production de connaissances est toujours-déjà situé[13]. À mon sens, c'est cette situation qui permet de comprendre pourquoi ce mode de discours sur les Savoirs (Purs) que l'Occident a produits a souvent été dominant chez les intellectuels des derniers siècles, même s'il a été contesté ici et là, par exemple par les milieux d'ingénieurs et par ceux qui ont directement à voir avec la science "utile", pourquoi il a mis l'accent sur la question épistémologique érigée en seule question vraiment intéressante et pourquoi on peut penser qu'il a toute raison de ne pas disparaître rapidement.

Des savoirs purs et des savoirs pratiques, du XVIe au XIXe siècle

Si donc la pratique des sciences des siècles passés ne doit pas être identifiée avec le premier mode de production des savoirs imaginé par Gibbons et Nowotny, quelle est l'image que je proposerais ? J'accepterais volontiers l'idée, pour commencer, qu'il existe une pratique héritée de la tradition philosophique – et décrite comme telle par les acteurs – qui aurait son lieu principal dans les universités de l'époque moderne, avant de constituer le cœur de la science universitaire des deux derniers siècles. Soumise aux règles d'un monde social relativement unifié et hiérarchiquement organisé, elle aurait comme objectif intellectuel la construction de systèmes d'interprétation du monde, de systèmes théoriques logiquement articulés et cohérents. Cette recherche d'autonomie, voulue (à juste titre) par les philosophes de la

13. Cela n'implique en aucun cas, faut-il le rappeler, un "relativisme social" qui nierait toute valeur à l'interaction avec le monde et donc toute efficacité aux savoirs. Les savoirs sont en fait impurs *et* efficaces, voir Pestre (2001).

nature, puis par les scientifiques, permet d'établir une distance avec la demande et le contrôle social, et ainsi de constituer ses propres questions. Elle serait réglée par un système de contrôle stratifié, notamment à travers les institutions savantes et le réseau des publications. Elle procéderait aussi d'une manière essentiellement disciplinaire comme une activité résolvant des puzzles successifs (comme dit Kuhn), et son "contexte" (pour utiliser le vocabulaire de Gibbons) ne serait pas celui des "applications" mais un contexte de l'excellence culturelle et de la distinction. Comme Robert Fox l'a écrit à propos de la pratique dominante des sciences dures dans l'université parisienne du XIXe et du début du XXe siècle, elle se déploierait d'abord dans un contexte dont les buts et les normes sociales ne différeraient pas qualitativement de ceux à l'œuvre dans les facultés des lettres[14].

Cette analyse dit quelque chose d'essentiel et l'autonomie recherchée, et en partie acquise, de la science académique et universitaire vis-à-vis des autres pouvoirs temporels est une réalité qui rend compte d'une partie des dynamiques scientifiques. J'ajouterai toutefois très vite que cette description ne représente qu'une petite part de l'histoire, qu'elle est trompeuse si on l'isole d'autres types de relations, qui marquent au contraire des dépendances et des interactions fécondes avec d'autres professions et milieux. Elle oublie en effet, ou masque pour les raisons culturelles et politiques déjà évoquées, un continent d'activités beaucoup plus vaste dans lequel *les mêmes* personnes sont régulièrement impliquées (ce qui fait que l'autosuffisance présumée de la description précédente est en partie un leurre) et qui en mobilise beaucoup d'autres (des gens de lettres, des notables, des artisans, des ingénieurs, des idéologues, etc.).

---

14. Kuhn (1962, 1970, ed. 1983), Fox (1990).

Du XVIe siècle et du début du XVIIe

Pour les XVIe et XVIIe siècles, cette pratique recoupe par exemple les mathématiques pratiques (ou mixtes) qui constituent alors un champ d'action bien identifié. Incluant l'astronomie et les sciences de la navigation, la géographie, la cartographie et les activités cadastrales, l'artillerie et l'art des fortifications et du siège, la conception, la construction et la vente d'instruments (astrolabes ou compas, mais aussi machines mécaniques de toutes sortes pour la guerre, la vie industrieuse ou le théâtre), la fabrication et la publication de livres, de manuels, de pamphlets ou de calculs, ce champ d'activités se constitue pour répondre aux changements sociaux et économiques, politiques et militaires de la Renaissance (expansion territoriale, navigation au grand large, guerre de conquête, développement d'intérêts marchands, etc.). Ce domaine d'activités va, à son tour, contribuer à cette transformation qu'est la Renaissance, il va induire d'autres changements, dans la philosophie par exemple, où il va contribuer à l'oubli de la science aristotélicienne et à la promotion d'une autre pratique de la philosophie de la nature, et se déployer pour des marchés : celui des fabricants d'instruments, celui des professionnels de la cartographie ou du cadastre, celui des capitaines de navire ou des officiers du génie chargés d'attaquer les places fortes ou d'organiser les troupes sur le terrain. Il va contribuer au renforcement des nouveaux États (ces spécialistes offrent leurs services et machines de siège ou de navigation aux princes et rois d'Europe et du Nouveau Monde, et ils circulent de cour en cour) et aider les entrepreneurs privés (qu'on pense aux diverses compagnies des Indes anglaises, hollandaises ou françaises qui recrutent ces gens pour inventorier leurs nouveaux territoires et leurs richesses naturelles, inventorier les sociétés humaines, leur histoire comme leurs langues, et les aider à les administrer). L'univers de référence de cette "mathématique pratique" n'est pas la contemplation ou la création de savoirs "purs" mais celui de l'efficacité monnayable et pragmatiquement conçue, il est gagé sur des capacités concrètes à transformer les choses, et beaucoup de métiers sont affectés par ses réalisations.

- Ces manières pragmatiques et hautement instrumentales de faire ont été revendiquées comme modèles pour une réforme de la philosophie naturelle au long du XVIIe siècle. On peut même dire que ces pratiques ont colonisé et transformé la philosophie de la nature et la physique (au sens où la physique est entendue dans le *ratio studiorum*), qu'elles les ont fait advenir comme des pratiques devant être réglées par et à travers des instruments, comme des pratiques basées sur l'expérience artificielle de laboratoire et ses faits singuliers (sur l'*experimentum* et non sur l'*experientia* de sens commun), comme des pratiques ne prenant sens que si elles sont articulées sur la régularité de nombres et de relations mathématiques.

On notera enfin la permanence de ces mathématiques pratiques depuis cinq siècles : leurs héritiers se retrouvent chez les constructeurs d'instruments qui peuplent le marché londonien du XVIIIe siècle, le marché parisien de l'optique et de la science de précision au XIXe, le marché californien autour de Palo Alto dans les années 1930-1960 ; ils se retrouvent parmi les *ingénieurs-savants* de la première classe de l'Institut et qui restent surtout des officiers formés à l'École polytechnique, comme dans le Service géographique des armées installé en France dans le dernier tiers du XIXe siècle, initialement autour des géodésiens[15].

Marchés et service du Roi

Cette pratique transforme donc les sciences expérimentales et les sciences de bien des "administrateurs" de l'époque moderne. Ces sciences sont développées à l'Académie royale de Paris (un élément institutionnel du pouvoir royal) tout autant que dans les sites proto-industriels (dans les

---

15. Pour ces deux paragraphes, voir l'œuvre de Jim Bennett, par exemple Bennett (1982, 1987, 1995) ainsi que celle d'Hélène Vérin, notamment Vérin (1998 et à paraître).

mines par exemple), à la Royal Society comme autour du marché londonien, un lieu d'une extraordinaire vitalité régulièrement visité par les savants du monde entier qui viennent y chercher instruments rares et compétences techniques pour réaliser leurs projets. Bien sûr, les normes d'une "bonne pratique", comme les critères de succès, varient d'un lieu à l'autre. Pour reprendre le vocabulaire que Gibbons et Nowotny utilisent pour caractériser le très contemporain, on peut dire que le "contexte" est "d'application" dans la mesure où il est articulé sur la maîtrise pratique des choses (à travers les institutions d'État ou le marché) et dans la mesure où il implique la conception, construction et distribution de machines et d'objets qui circulent et homogénéisent le monde mais dont la pertinence est évaluée localement (une cour princière allemande jugera de l'intérêt d'une pompe avec d'autres critères qu'un propriétaire de mines ou qu'un concepteur de jardins royaux, et ce qu'est une démonstration ou une preuve réussie variera d'un lieu à l'autre)[16].

Le recours à l'État et aux entrepreneurs financiers est alors monnaie courante, la question des machines à mouvement perpétuel et des machines à vapeur constituant un exemple canonique pour la première moitié du XVIIIe siècle. L'implication de Boyle et Newton avec la compagnie des Indes orientales, celle de leurs démonstrateurs avec le marché des instruments, celle encore de Newton avec la Monnaie ne sont que trois exemples montrant la variété des réseaux mis en place en Angleterre, la multiplicité des espaces sociaux dans lesquels les "applications" occupent une place centrale dans la production des savoirs (le terme d'application pose bien sûr problème puisqu'il présuppose la pertinence de la séparation d'avec la pureté, puisqu'il présuppose l'évidence de la séparation entre les deux modes, ce que je conteste ici). Ces réseaux peuvent aussi être dits "hétérogènes", "transdisciplinaires", montrant une grande "diversité organisation-

16. Pour ce paragraphe et le suivant, voir par exemple Schaffer (1995), Stewart (1992) et Bennett et Johnston (1996) ; pour des versions françaises, voir le numéro spécial de *La Recherche* (1997) que j'ai dirigé.

nelle" et articulés sur des "critères de qualité multiples" (ce vocabulaire est toujours celui de Gibbons et de ses amis pour parler de la techno-science contemporaine). Plus habituelle en Angleterre, et notamment à Londres, ces manières de pratiquer la "science" prennent des formes différentes en France où les académiciens font en quelque sorte partie de "l'appareil d'État", si l'on m'autorise un autre anachronisme. Ici, Buffon, Réaumur et bien d'autres peuvent envisager des schémas de réorganisation de l'ordre social ou économique, ils peuvent prétendre avoir les moyens scientifiques d'expliciter et de formaliser les savoirs artisans et populaires, et ils peuvent suggérer de rationaliser, pour le bien du royaume dans son ensemble, et contre les intérêts étroits des corporations, l'ensemble des processus de production. Avec les praticiens des mathématiques mixtes, ils peuvent aussi directement collaborer avec les ingénieurs militaires dans des contextes non académiques (à moins qu'ils ne soient eux-mêmes militaires) et dresser les cartes du royaume, améliorer les moyens de navigation – travaillant dans le même mouvement sur "la frontière des savoirs" (un autre anachronisme emprunté au répertoire des propagateurs de la "science pure") et sur les développements techniques. Ils peuvent enfin contribuer à repenser le travail et son organisation, par exemple l'interchangeabilité des pièces dans la production d'armes. En d'autres termes, ils avancent des propositions techniques à mettre en œuvre sous leur direction, ils élaborent un nouveau *régime de déploiement des savoirs* qui est partie prenante d'une redéfinition de l'ordre social. On notera en effet que les solutions qu'ils avancent contribuent directement à l'émergence du monde atomisé des Lumières, qu'ils contribuent directement à miner le système politique et social antérieur, notamment gagé sur les métiers et corporations, et à faire advenir de nouvelles valeurs et normes sociales et scientifiques, un nouveau régime d'existence pour les sciences en société – à redéfinir conjointement, en fait, ce qu'est le bon ordre social et politique et la pratique légitime des sciences et des techniques[17].

---

17. Voir par exemple Alder (1997), Minard (1994), Hilaire-Pérez

Si nous restons encore pour un temps sur le second XVIIIe siècle, le cas de l'histoire naturelle et de l'agronomie, celui des savoirs abstraits et pratiques sur les plantes et la nature irait dans le même sens, soulignant à la fois la non-disjonction des savoirs "purs" académiques et des savoirs pratiques et socialement distribués, la co-redéfinition du social et de la science qui se déploie alors : de ce que sont les valeurs dans les deux registres, de ce que sont les normes qui doivent fonder une bonne pratique des sciences comme une bonne organisation du corps social. Comme nous le rappelle Emma C. Spary[18], ce n'est que d'un point de vue anachronique que nous pensons l'histoire naturelle du XVIIIe siècle comme un "pur savoir". Elle était au contraire très liée, d'une part aux grandes idéologies sociales et aux volontés de réforme morale, de l'autre aux programmes d'acclimatation des plantes dont on pensait qu'ils étaient porteurs de bénéfices considérables pour les États, les entrepreneurs et les paysans. L'histoire naturelle et l'agronomie constituaient les deux faces d'une même entreprise visant l'accroissement des ressources, le progrès du commerce et la richesse des nations. Elles étaient défendues et mises en œuvre par les mêmes personnes, au Jardin du Roi et sur des terres "privées" (celles de Buffon à Montbard par exemple) et les mêmes personnes servaient d'experts à la Couronne et aux grands propriétaires. L'histoire naturelle et l'agriculture offraient aussi des *"solutions to the problem of the moral and physical degeneration of the nation"*, une préoccupation majeure de l'époque, *"and these sciences came to embody the concerns for social reform of many individuals who were later to be involved in the French Revolution"*. L'amélioration, la régénération et la liberté étaient au fondement de la plupart des actes de la Révolution, mais ils étaient aussi des termes "*implying a natural and physical process of transformation in living bodies*". Ici aussi la continuité est grande

(1990), Licoppe (1996).

18. Spary (2000).

jusqu'aux pratiques des biotechnologies agricoles actuelles[19].

Au XIXe siècle

Au cours des XIXe et XXe siècles, les savoirs "disciplinaires" et "purs" produits dans les universités gagnent en pertinence pour les savoirs, pratiques autant qu'abstraits et théoriques, produits dans d'autres espaces sociaux comme les ateliers des constructeurs d'instruments, les laboratoires des entreprises industrielles, les bureaux des ingénieurs conseils, les centres de métrologie, les stations d'essais, les arsenaux, etc. Pour la seconde moitié du XIXe siècle, la télégraphie, la chimie, l'électricité ou la radio sont des cas d'école. Rappelons quelques éléments concernant la télégraphie transatlantique. Lord Kelvin, le plus grand philosophe naturel du Royaume-Uni, est au centre de ces sciences pratiques – effectivement marquées par une multiplicité de lieux traditionnels et nouveaux – et le grand Maxwell lui-même, un physicien souvent décrit comme le prototype du scientifique pur, via l'Association britannique pour l'avancement des sciences, contribue directement, techniquement et théoriquement, au projet impérial de réseau de câbles. Il y a implication des deux hommes avec les milieux politiques, mais surtout avec les milieux d'affaires, la finance et l'industrie nouvelle. Kelvin est directement lié aux compagnies qui posent les câbles et ses buts sont, dans le même mouvement et sans qu'une distinction soit vraiment possible, de faire progresser les savoirs et de gagner de l'argent, de promouvoir la science et de développer la puissance des compagnies et de l'Empire britannique dans sa lutte militaire et commerciale avec les autres nations[20].

Des remarques similaires peuvent être faites sur la question des standards et des normes techniques et industrielles indispensables à l'expansion économique et aux volontés de

---

19. Spary (2000), 125, 152.

20. Blondel (1997), Smith et Wise (1989).

puissance, et qui illustrent la nature très large des réseaux dans lesquels les scientifiques travaillent. En France, des physiciens toujours décrits comme "purs", comme Fabry et Perot[21], contribuent directement aux techniques de précision si essentielles aux arts mécaniques et aux organismes de normalisation – tout en redéfinissant ce qui devrait constituer le cœur de la pratique légitime des sciences physiques, à savoir devenir une science de la précision. L'optique qu'ils mobilisent est la meilleure d'un point de vue académique, elle est intégrée à l'importante industrie des instruments de précision (objet d'une compétition farouche entre grands pays et dont elle dépend pour ses réalisations matérielles), et elle s'inscrit dans la volonté de faire advenir un système de normes techniques centré sur le mètre et le Bureau des poids et mesures de Sèvres. Dans le domaine agricole et des engrais, cette même période voit l'émergence conjointe – les mêmes acteurs circulant d'un monde à l'autre – de savoirs théoriques en chimie végétale, de stations d'essais et de tests visant à définir des normes pour les produits fertilisants, d'une législation protégeant les petits paysans, mais aussi d'une industrie mettant sur le marché des produits toujours plus variés et dont elle souhaite contrôler la distribution. Un conflit s'installe alors entre divers régimes de régulation du marché des engrais : il s'agit de définir le régime de justice qui doit prévaloir et qui oppose principalement le monde de l'agro-chimie industrielle à un univers associatif et législatif pensant que les consommateurs ont à être protégés, que c'est à l'État de définir les normes et de mettre en place les moyens de contrôle[22].

On pourrait bien sûr considérer des secteurs moins "glorieux", par exemple celui des conserves alimentaires. Des confiseurs, concepteurs et constructeurs de boîtes de conser-

---

21. Ces deux physiciens sont des personnages centraux de l'establishment physicien français. Le premier est par exemple professeur à la Sorbonne et à l'École polytechnique à la veille de la première guerre mondiale. Voir Pestre (1984).

22. Bigg (2002), Jas (2001).

ve, métallurgistes, soudeurs, officiers de marine et savants (des chimistes comme des biologistes) sont partie prenante, tout au long du siècle, de cette industrie nouvelle. Les savants ne sont pas tous impliqués de la même façon. Gay-Lussac, par exemple, ne "sort" pas de son laboratoire et ne se confronte aux problèmes "pratiques" que lorsqu'il est consulté à titre officiel et doit répondre à des demandes émanant de l'État. Le plus souvent, il considère sa tâche comme étant de dire la vérité théorique de la conservation et il ne propose que des "modèles" de ce qui se passe chimiquement dans les boîtes. Il n'est pas en contact ou en interaction active avec les fabricants – qui l'utilisent toutefois pour donner plus de crédibilité aux techniques qu'ils développent – sauf lorsqu'il a statut d'expert membre de comités officiels chargés de juger de la qualité des produits. Pasteur, en revanche, se comporte de façon très différente, ce qui ne surprendra pas ceux qui connaissent son œuvre ; Liebig, en Allemagne, s'implique encore plus directement dans le développement de ces produits "high tech". Ces deux derniers cas déploient toutes les caractéristiques d'un monde du savoir mêlé au monde de la production et c'est l'efficacité pratique qui est au centre de toutes les préoccupations : l'objectif est de réussir des conserves de longue durée dans un contexte de compétition commerciale et militaire (la conserve importe beaucoup aux marines de guerre), il est de mobiliser les alliés les plus divers et apportant chacun des savoirs et des savoir-faire complémentaires pour réussir techniquement et commercialement[23].

La notion de régime de savoirs

Je m'arrêterai à ces évocations du XIXe siècle, le chapitre suivant embrassant les années 1870-1970. Elles doivent suffire pour montrer l'impossibilité de maintenir l'idée d'un mode de la science pure centré sur l'université qui aurait

---

23. Martin (1994).

perduré jusqu'aux dernières décennies de ce siècle. Depuis ce moment situé quelque part entre le XVIe et le début du XVIIIe siècle et qu'on a appelé, après Burt, Koyré et Butterfield, "La Révolution Scientifique", depuis la redéfinition profonde des visées et pratiques de savoir à cet instant de fondation d'une "science moderne" marquée par le souci *d'opérationalité* et par la volonté d'agir sur les choses et d'en maîtriser l'évolution, il n'est plus vraiment de mode 1. Si l'on souhaite en trouver des traces, il faut certainement regarder du côté du *ratio studiorum* ou de l'enseignement formel et livresque que développent les universités du XVIe et du XVIIe siècle, mais assez peu dans le nouveau régime de pensée et d'actions qui naît alors. Non que l'opération de réforme et de création de cette science moderne soit un acte unitaire fait à partir d'un centre (la Royal Society ou la cour du grand duc de Toscane) ou d'individus privilégiés (Galilée ou Newton) ; non qu'elle s'incarne dans un programme explicite, univoque ou délibéré ("le programme baconien", "la mathématisation du monde"), qu'elle ait une source unique ("le renouveau platonicien") ou qu'on ait affaire à la mise en œuvre d'un projet cohérent conçu d'entrée de jeu. Non, cette mutation est au contraire le fait de nombreux acteurs, d'acteurs aux intentions multiples, qui visent des objectifs indépendants mais dont l'interaction produit un déplacement de *l'économie d'ensemble* de la production des savoirs, une transformation radicale des buts poursuivis et des moyens mis en œuvre.

Cette mutation globale est le fait des producteurs de savoirs – ceux-ci relèvent de l'université, certes, mais aussi de la Compagnie de Jésus et du monde de la fortification, de l'artillerie et des Académies, des observatoires et de l'univers de l'architecture, de celui des naturalistes, des voyageurs et des agronomes – mais aussi des puissances temporelles et spirituelles qui poursuivent chacune leurs buts et profitent de ce qui se modifie autour d'elles : cours princières ou royales, arsenaux et gens de guerre, compagnies de commerce et entrepreneurs, philosophes et théologiens, politiques et censeurs. Elle est le fait de la colonisation, de la pénétration du champ classique et bien délimité de l'université et de sa manière de faire de "la philosophie naturelle" (mais aussi des collèges et de leur manière de pratiquer la *physique* ou la *scientia*), par des démarches et approches nouvelles – notamment celles qui relèvent de l'*ingenium*, des arts pratiques et des mathématiques mixtes. Ces colonisations conduisent à un bouleversement assez radical de la nature du travail "intellectuel" (et qui n'est précisément plus "intellectuel" au sens du précédent), à une transformation de ce qu'est "penser" ou "comprendre" (des scolastiques à Newton), de la place des mathématiques dans "l'explication", du rapport à l'expérience – de l'expérience quotidienne de chacun toujours invoquée par les traités aristotéliciens à l'*experimentum* "artificiel", privé et contraint par des dispositifs et des machines. Elles conduisent à un changement dans la nature de ce qui constitue un débat légitime entre philosophes naturels (de la *disputatio* publique et réglée au témoignage baconien des "faits"), dans ce que sont les espaces où ce travail doit s'accomplir pour être valide, dans la redéfinition de ce qu'est la norme du laboratoire et du débat professionnel.

La présentation que je viens de faire est en revanche insuffisante pour penser la cohérence de certaines époques, elle est inadéquate pour penser les grands modes d'être qui ont organisé la production des savoirs à chaque moment de l'histoire. Elle n'est pas faite pour saisir ce qu'ont été les divers modes d'existence des sciences au fil du temps historique, les divers arrangements, *les divers régimes de savoirs* qui ont existé. Je voudrais donc maintenant dire quelques mots sur ce que j'entends par cette expression de régime de savoirs, ouvrant ainsi le champ à ce que va proposer le chapitre suivant : une caractérisation du régime qui se met en place dans les dernières décennies du XIXe siècle et dont je prétends qu'il perdure pour près d'un siècle avant de se voir profondément contesté et remanié dans les années 1970 et 1980.

L'idée de régime de savoirs repose sur deux constats, sur deux idées forces. D'abord sur le fait que ce que nous mettons sous le vocable de science n'est en rien un "objet" circonscrit et stable dans le temps (la science serait un système d'énoncés cohérents, la science serait une activité de connaissance, etc.). "La science" (ou doit-on dire les sciences ? les pratiques de science ?) est faite d'un ensemble très vaste de relations qui impliquent des productions de tous ordres (écrits, résultats, techniques) ; des pratiques (instrumentales, calculatoires, de simulation) ; des valeurs et des normes (épistémologiques, morales, comportementales) ; des réalités institutionnelles variées (laboratoires, "start-ups", écoles d'ingénieurs) ; des modes d'insertion politique et de sociabilités (salons, groupes d'amateurs, sociétés professionnelles) ; des réalités économiques et juridiques (modes d'appropriation, financements, règles de propriété industrielle)... et bien d'autres choses encore. Cette idée de régime de savoirs repose ensuite sur le fait que chaque moment historique voit une articulation particulière de ces éléments, et une articulation de ces éléments sur une forme de compromis social, de pratiques de production et de gestion politique. La science est toujours prise dans des formes sociales et politiques données, et elle contribue à modeler l'existence individuelle et collective des sociétés humaines.

L'idée qu'il existe des *régimes* de savoirs renvoie donc d'abord à de grandes variations : variations quant aux normes de jugement sur ce qui "est scientifique" par exemple (ce qu'est une preuve correctement constituée et ce qui compte comme "un fait" change profondément entre 1680 à la Royal Society et 1880 à Berlin) ; variations quant à la définition de la "bonne pratique", en termes épistémiques ("la science est un discours de vérité sur le monde" s'oppose à "la science est d'abord construction de modèles et de simulations" ou à "la science est contrôle sur les choses et les hommes") comme en termes sociaux ("la science est un modèle de vertu", diffère de "la science est mère de rationalité" ou de "un bon scientifique doit savoir se lier au monde de la production", plus présente aujourd'hui). L'idée de régime renvoie à une structure légitime des savoirs, à une hiérarchie (disciplinaire : "la mécanique est la science achevée du XIXe siècle", ou pragmatique : "la recherche opérationnelle vise l'efficacité et fait feu de tout bois") comme à un mode d'être au monde ("le jeune savant doit être formé au laboratoire, non dans les livres" ou "il est légitime pour un homme de savoir d'être courtisan"). Elle renvoie à une régulation particulière (le système d'évaluation par les pairs qui peut s'opposer à la mise en place de "politiques scientifiques" ou d'État) comme à un style d'existence sociale (pensons au haut statut symbolique de "la science pure" et, par contraste, à la promotion du "scientifique entrepreneur" aujourd'hui).

L'idée de régime de savoirs en société renvoie enfin à une articulation de ce qui précède avec les réalités sociales, au fait que la régulation des univers scientifiques (les règles de la Royal Society édictées lors de sa création par exemple) ne se fait pas indépendamment des formes de régulation sociale (il s'agit du temps de la Restauration anglaise) ou économique (ce moment est celui d'une grande vitalité du marché des instruments scientifiques à Londres). Elle ne se fait pas indépendamment de types de gouvernement et de constitution (dans les entreprises, dans la culture d'État, dans la "société civile") ou de choix sociaux, de valeurs et de formes de vie (la seconde Révolution Industrielle, la guerre froide). Une modification dans un registre (l'État et l'industrie deviennent d'importants entrepreneurs de science à la fin du XIXe siècle) ouvre des possibles dans l'autre (la science doit se faire métrologie et cultiver la précision la plus extrême) et réciproquement (la mécanique industrielle de précision est la condition, par les machines qu'elle offre, de la seconde révolution industrielle, les biotechnologies affectent radicalement nos vies via les entreprises pharmaceutiques et *l'agro-business*). L'idée de régimes d'existence des savoirs renvoie enfin aux normes qui, dans tous les registres, commandent la notion de ce qui est vrai ou faux (la science donne la norme première de vérité dans nos sociétés), mais aussi, dans une grande mesure, "de ce qui est juste et injuste, bien et mal, désirable et indésirable, noble et bas" (l'énumération est empruntée à Claude Lefort). Elle contribue directement à dire ce qui est légitime et bon, ce qui règle le rapport du savoir au non-savoir et des individus aux groupes. En bref, l'idée de régime postule l'interdépendance des activités humaines et l'existence d'effets systémiques qui saisissent toujours les sciences et les font advenir dans l'histoire[24].

Pour conclure, je dirais que la notion de régime de savoirs évoque un assemblage d'institutions et de croyances, de pratiques et de régulations politiques et économiques qui délimitent la place et le mode d'être des sciences. Un tel régime est hétérogène dans ce qui le détermine, il est le résultat d'une histoire toujours particulière : ce n'est pas nécessairement un système cohérent et il n'a pas vocation à être optimal. Un tel régime est un ensemble de compromis institutionnalisés que les acteurs modifient délibérément ou non. Il relève de logiques multiples aux temporalités propres (la jurisprudence des brevets dans chaque pays par exemple) – mais qui peuvent subir des retournements massifs (ce qu'on observe, à mon sens, depuis une trentaine d'années). La cohérence systémique n'est donc pas donnée par principe et un régime n'est pas un système dont la mécanique de déploiement serait une. Sa cohérence n'est pas donnée, elle se gagne ; elle est l'objet de conflits car beaucoup est affaire de choix et de volonté. Sa déstabilisation peut certes relever de tensions "internes au système" mais ce sont plutôt les modifications introduites localement par certains acteurs qui comptent. Ces acteurs peuvent relever de la politique, de la finance, du management, du droit (et bien sûr des potentialités techno-scientifiques), et une altération en tout point de cette nébuleuse peut produire des effets de recomposition globaux. C'est du moins ce qui me semble net sur le dernier

24. Lefort (1986), 9.

siècle et demi, sur les trente dernières années en particulier, et que je vais préciser maintenant[25].

25. D'une certaine façon, cette thématique est assez proche de celle des régulationnistes (voir par exemple Boyer et Saillard, 2002). Elle partage avec elle un sens fort de l'historicité des choses et l'idée que le social doit être pensé globalement dans ses multiples déterminations et dans ses volontés contradictoires. Elle s'en sépare peut-être en insistant encore plus sur la nature hétérogène de l'assemblage qui advient, en postulant des potentialités de transformations venues de tous les horizons du social, en ne faisant donc pas jouer un rôle clé aux "contradictions internes du système" – un résidu d'une vision à mon sens encore trop systémique des choses.

Chapitre 2

Mettre les années 1870-1970 en perspective. Entre techno-science, industrie et État-nation

Pour donner corps à la notion de régime de savoirs et penser son articulation sur un ou des régimes de régulation sociale et politique, je m'attarderai désormais sur les 130 dernières années environ. Dans ce chapitre, je m'intéresserai au siècle qui court, pour faire vite, des années 1870 aux années 1970. Je tiens en effet que ce moment présente une certaine unité, une unité qui ne naît pas d'un coup, dont la logique se déploie au contraire au fil du temps – et dont l'apogée se situe dans les Trente Glorieuses qui en donnent en quelque sorte le type achevé. Je suis conscient de la simplification qu'opère l'idée de chercher à définir un régime comme dominant à un moment donné. D'une part, la pureté et l'unicité ne sont pas de ce monde et tout régime est une composition de modes plus ou moins hétérogènes en équilibre ou en conflit. De l'autre, une telle approche rend difficile la pensée des transitions et des dynamiques qui conduisent au changement. Ces arguments ne sont toutefois pas rédhibitoires, il n'est pas un seul programme de recherche possible et l'analyse des reconfigurations dynamiques a des limites symétriques. Ce choix de me limiter aux 130 dernières années repose sur deux raisons. C'est d'abord le moment que je connais le moins mal, le seul à propos duquel je puisse proposer une lecture quelque peu cohérente ; par ailleurs, il suffit pour mettre en perspective ce qui est la raison d'être de ce livre : comprendre ce que nous vivons depuis les années 1970 et qui sera l'objet des trois chapitres suivants.

Le régime de savoirs des années 1870-1970 : une proposition générale[26]

Ce siècle qui va des années 1870 aux années 1970 voit une transformation profonde des sciences et des pratiques scientifiques, de ce qu'est "être scientifique" et "faire science". Émerge à ce moment une autre définition de la science comme institution sociale, un autre inventaire de ses espaces de production comme de ses modalités d'action, au laboratoire comme dans les démarches abstraites. Les universités s'ouvrent radicalement aux techniques et à l'industrie, la science devient un élément central des dispositifs d'innovation, un outil essentiel du dispositif productif de masse, et un moyen de la rationalisation bureaucratique. Comme dans le reste du corps social, le laboratoire devient un lieu organisé et hiérarchisé, et la division du travail, comme la spécialisation, y prévalent. La science est prise en charge par les États, elle est mobilisée pour la préparation d'une guerre totale toujours à venir, et elle devient un moyen indispensable à la constitution des États-nations[27]. En termes d'éducation, ce changement signifie, dans les sciences dures, la fin (ou la marginalisation) de l'idéal socratique de sagesse.

La transformation des sciences opère à la fois dans ses objets, ses outils et ses normes, comme dans l'ampleur numérique de l'entreprise : les laboratoires Bell, qui dépendent de la grande compagnie américaine *American Telegraph and Telephone* emploient déjà plusieurs milliers de personnes dans les années 1920. On peut parler, dans cette période, de l'apparition d'une *techno-science industrielle et militaire massive* (elle est numériquement sans commune mesure avec ce qui existait précédemment), du surgissement d'un

26. Ce chapitre mobilise un ensemble de sources vastes et bien connues des historiens. L'important est la mise en perspective et les notes resteront sommaires. Je n'indiquerai donc à chaque fois que quelques travaux.

27. Je ne reviendrai pas ici sur l'invention de la tradition dans la constitution des États-nations européens du XIXe siècle. On se reportera par exemple à Hobsbawm et Ranger (1996) et Thiesse (1999).

nouvel assemblage social et technique caractérisé par trois traits : une efficacité accrue des savoirs scientifiques spécialisés de l'université dans les pratiques de maîtrise du monde, notamment industrielles et militaires, en chimie ou en électrotechnologie dès la fin du XIXe siècle par exemple ; un intérêt parallèle et soudainement plus soutenu des divers types de pouvoir pour les produits de la science et pour la démarche scientifique en général, ce qui se marque par exemple dans la transformation des pratiques de gouvernement et de gestion ; une multiplication des lieux où du savoir et/ou de l'innovation sont produits, une diversification des modes d'appropriation de ces savoirs par le corps social – ainsi que des dynamiques d'interaction beaucoup plus diverses entre les acteurs intéressés par la science.

Cette recomposition de la science, cette transformation des pratiques scientifiques, cette émergence d'un nouveau régime techno-scientifique se fait en rapport étroit et organique avec une redéfinition du social, de l'économique et du politique, une redéfinition des critères de justice sociale comme des normes d'intégration et de participation au groupe national, une redéfinition de ce qui fonde le collectif et le vivre ensemble, et en particulier une redéfinition de ce qu'est l'État, un élargissement fantastique de son être – l'invention, en fait, d'une place et d'un rôle radicalement neufs et qui valent re-création. Ma thèse est que, des années 1870 aux années 1970, dans le cadre de nations alors en phase de reconstitution / redéploiement / extension, se met en place une nouvelle légitimité, un nouvel espace pour un acteur social jusqu'alors inconnu sous cette forme – l'État. Cet État nouveau qui s'invente alors est un État scientifique préoccupé de technique et d'innovation pour le bien supérieur du pays, un État guerrier préparant la défense des intérêts économiques, politiques et impériaux grâce à la science, un État providence qui vise à maîtriser l'intégration des "classes dangereuses", et un État régulateur qui entend maîtriser la croissance économique de la Nation grâce à la science, à ses théories et aux indicateurs qu'elle construit. Ces dimensions émergent de conserve (sauf la dernière, un peu plus tardive) et sont constitutives de l'État nouvelle manière, elles constituent les diverses facettes d'une même nécessité, les différents volets d'une même entreprise visible de Berlin à Paris, Londres et New York.

Cinq points seront ici développés :

(1) Les années 1870-1970 voient d'abord des nations en compétition, nations se définissant par leur aptitude à tout mobiliser pour leur maintien ou leur expansion – dont la science et ses techniques associées. L'État devient la figure qui unit le groupe national, qui s'assure de sa mobilisation, qui le coordonne de l'intérieur comme pour ses actions à l'extérieur. Les appareils d'État s'allient à la science et à l'industrie pour préparer la guerre (économique et idéologique) et optimiser son déroulement une fois la guerre chaude entamée. Ils le font par la production d'armes pour le front, par la mobilisation des forces économiques, sociales et politiques à l'arrière. Dans certains cas (celui de l'Allemagne de la République de Weimar par exemple), le manque de confiance dans l'État en tant qu'appareil peut conduire des acteurs particuliers, ici les industriels et les universitaires, à se substituer à lui pour incarner la Nation et son nécessaire maintien, sa nécessaire défense[28].

Une violence de masse est théorisée et pratiquée dans cette période marquée par de nombreux conflits entre États et entre États et corps social. Cette violence s'est manifestée dans l'Holocauste, deux guerres totales et une guerre techno-scientifique de plusieurs décennies (la guerre froide), dans des conflits coloniaux propices aux pires massacres (c'est pour réduire les révoltes des colonisés qu'a été inventé le bombardement aérien systématique des populations civiles, pratique devenue la norme depuis la seconde guerre mondiale), dans les incessants et terribles conflits qui marquent la fin de la guerre froide, comme dans l'existence de régimes politiques pratiquant des formes de domination

28. Felman (1980).

quotidiennes particulièrement brutales. La violence n'est pas propre au XXe siècle, bien évidemment, mais elle a été dans ce siècle une violence particulièrement inhumaine et massive, une violence scientifiquement organisée, techniquement rationalisée, avec l'aide étroite des élites du savoir[29].

(2) Au cours de ces années, les États s'emparent du bien public comme valeur, et le bien collectif, dont ils deviennent de plus en plus les seuls porte-parole légitimes, prend le pas sur les valeurs que peuvent porter les groupes particuliers. Dans ce mouvement, la construction de l'État social (que l'on nomme "État providence") est décisive. A l'échelle européenne, elle consiste, par exemple, à associer des groupes sociaux à forte identité subjective à la gestion collective, groupes essentiellement définis par leur rapport à la production. Il s'agit par exemple de "la classe ouvrière" représentée par ses syndicats et partis, mais plus globalement des groupes, classes ou catégories "inventées" ou consacrées par les sciences sociales, de groupes "solidifiés" par des appareils d'État qui contribuent à les faire exister politiquement (via la gestion du Plan en France durant les Trente Glorieuses, mais aussi à travers les conventions collectives). Pour l'État, garant de l'ordre et de la puissance nationale, la stabilité sociale passe par un compromis entre classes, sous son hégémonie. L'État qui se développe devient l'arbitre du social, les idéologies et croyances sociales sont relativement homogènes, peu de place est laissée à la déviance, et la démocratie délégative devient, au détriment des formes d'auto-organisation de la "société civile" (pour prendre un terme anachronique), la forme par excellence du compromis[30].

À partir des années 1930, et du fait de la crise économique, un pas supplémentaire est franchi et les appareils d'État

29. Pour une histoire particulièrement percutante du bombardement des populations civiles comme arme de guerre, Lindqvist (2001) ; pour les violences dans la période très récente, Balibar (2001).

30. Chanial (2001), Dreyfus (2001). Je reprends le vocabulaire de Robert Castel (1995) et souscris à sa critique du terme d'État providence.

prennent une place centrale dans les régulations et actions économiques elles-mêmes. Le credo libéral est certes toujours réaffirmé et le marché reste dominant mais l'État devient un acteur nouveau et très présent et il est de plus en plus "naturel" qu'il intervienne à tous les niveaux. Il draine d'ailleurs une part croissante des produits nationaux via l'impôt (le processus se met timidement en place après la première guerre mondiale pour s'amplifier avec la crise et exploser avec la seconde guerre mondiale et la guerre froide) et devient un interlocuteur clé de la vie industrielle et économique, comme des questions de protection sociale ou de santé.

Je noterai ici deux choses. D'abord que cet État de plus en plus interventionniste en termes social et économique est le revers, et parfois la condition du déploiement de l'État guerrier. Je ne souhaite toutefois pas subsumer la logique du premier sous celle du second ; il existe des logiques propres de déploiement de l'État social (effroi devant la misère ouvrière, volontés philanthropiques, grèves et luttes syndicales, logiques démocratiques, etc.) et il serait aberrant de les rabattre sur les nécessités de l'État guerrier. Il n'en est pas moins vrai que les besoins de ce dernier conduisent à conforter ou instituer "l'État providence" (qu'on pense à l'importance de la santé et de la "qualité physique" des soldats, dans les guerres coloniales notamment), que la construction des deux est pensée par certains comme devant advenir simultanément, et que les sorties de guerres conduisent à toujours refonder le pacte social en faveur d'interventions accrues des États. Je noterai ensuite que, malgré l'ampleur du champ qu'il se met à couvrir, cet État ne détruit pas toutes les formes d'auto-organisation du social. Il réduit certes un grand nombre des structures qui lui pré-existent, il en marginalise beaucoup, il impose des normes et des règles communes, mais la philanthropie et l'associationnisme, par exemple, restent très vivaces (et fortement différenciés de pays à pays) jusque dans les années 1960.

(3) Au long de cette centaine d'années, le monde de la production est renouvelé dans ses pratiques et structures, comme dans ses objectifs : la production de masse devient la norme, comme la standardisation des produits et des modes de travail. De nouvelles formes d'organisation et de traitement des informations et des flux voient le jour et le "management scientifique" pénètre les ateliers. Ce long XXe siècle est celui des méga-organisations, notamment des grandes structures industrielles reposant sur la techno-science pour établir leur pouvoir. Les premiers grands systèmes industriels voient certes le jour au XIXe siècle (qu'on pense aux chemins de fer) mais le long XXe siècle a vu leur généralisation massive, il les a vus devenir la norme. Plus généralement, il voit l'apparition et la généralisation d'économies reposant sur des connaissances rationnellement mobilisées au laboratoire, dans les bureaux des méthodes, sur les chaînes de production, dans la promotion des ventes et de la consommation. Ce mouvement, qui concerne les sciences physiques, mathématiques, chimiques, biologiques, sanitaires, agricoles, mais aussi les sciences sociales et de gestion, est un mouvement de mobilisation et d'appropriation de l'intelligence théorique et pratique des sciences[31].

Une remarque capitale est ici à faire. Il est courant de décrire l'économie de nos sociétés (celles des dernières décennies) comme "basée sur la science", comme "des économies de la connaissance". Une telle assertion est à la fois juste et trompeuse et peut conduire, à mon sens, à des débats confus. On peut en effet arguer que la compagnie American Telegraph and Telephone a construit son développement sur la science depuis un siècle, et que l'économie américaine des années 1940-1960 est l'économie de la connaissance la plus compétitive de son époque. On peut répondre à ces remarques que tous les chats ne sont pas gris dans l'histoire et qu'un changement qualitatif s'est opéré récemment du fait

31. Pour deux exemples industriels, Cohen (2001) et Ndiaye (2001) ; pour l'agriculture, Jas (2001).

de l'augmentation des ressources consacrées à la production et l'acquisition des connaissances, comme du fait de l'avènement des biotechnologies et des technologies de la communication. L'important, pour sortir du blocage que construisent ces deux appréciations antagoniques, mais toutes deux très justes, consiste à noter qu'il faut comparer très finement diverses sociétés et économies de la connaissance et donc faire émerger précisément *les spécificités de chaque régime*, et notamment du régime actuel de mobilisation des connaissances. L'important est aussi de noter que ces spécificités portent sur les régimes particuliers d'appropriation et de mise en œuvre qui seuls donnent forme effective à ces connaissances. Ce qui importe est l'amalgame particulier qui lie potentialités techno-scientifiques, politique de propriété intellectuelle, dispositifs et philosophie de la normalisation, disponibilités en capital et contrôle économique – car seuls ces agencements économiques / juridiques / techniques / politiques définissent le régime d'existence effectif des diverses sociétés de la connaissance[32].

(4) La science, notamment via l'établissement des normes métrologiques, passe au cœur des échanges et de la production, de la rationalisation des méga-organisations et de l'innovation de produits et de processus, nerf de la guerre économique et entre pays (produire des équipements toujours plus neufs, imaginer de nouveaux produits industriels ou militaires, optimiser les processus productifs – en bref "scientifiser" les activités). Un partage des tâches voit le jour, dans ces années, entre science ouverte et publique, dont le cœur reste l'université, les grandes fondations, et

---

32. On pourrait par exemple développer le cas de la nouvelle économie des savoirs en électronique qui s'est mise en place à partir de la fin des années 1950 du fait des transistors (et bientôt des circuits imprimés), transistors devenus économiquement rentables à cette date grâce à dix ans de commandes militaires américaines, du fait du changement de stratégie des grandes firmes américaines dans leur politique d'échange de licences (elle-même dépendante d'une autre appréciation du rapport de forces avec les concurrents européens), etc. Voir sur cette question le numéro spécial que j'ai co-dirigé de *History et Technology* (1994).

plus tard les laboratoires nationaux, et science privée installée dans les entreprises – la coordination se faisant à travers deux grands moyens : la circulation continue des grands universitaires entre les deux mondes et les actions d'un État devenant lui-même entrepreneur de science. Un équilibre s'établit donc entre trois univers, la science en tant qu'entreprise "autonome" de savants installés dans les universités, la socialisation de la recherche de base et les travaux de normalisation par les États et leurs instituts, et la recherche menée dans l'univers industriel – cet équilibre étant inscrit dans ce qui fonde les législations et la jurisprudence des brevets. Domine enfin la croyance dans la possibilité d'un point de vue rationnel supérieur pour dire LA solution à tout problème, et l'expert scientifique incontestable est roi, dans un lien fort aux industriels et aux appareils d'État.

La science contribue donc directement à la rationalisation des sociétés occidentales. Cette rationalisation est celle de la gestion industrielle et des administrations, de la gestion macro-économique, des activités de santé publique, des armées et de la violence militaire. Les guerres furent cruciales dans ce processus dans la mesure où, guerres totales, elles ont demandé une organisation d'ensemble de l'économie, une planification des productions et de la logistique, une rationalisation de l'usage des armes, et qu'elles ont mobilisé mathématiciens et statisticiens, physiciens et économistes, chimistes et biologistes, psychologues et spécialistes des sciences sociales, ingénieurs et capitaines d'entreprises. L'ordinateur, et la pensée systémique qu'il a permis, ont fortement accéléré cette dynamique dans le second XXe siècle, la pensée rationalisatrice à fort *input* mathématique et logique ayant envahi alors la pensée de la guerre comme le contrôle de production, le complexe bio-médical comme l'organisation administrative[33].

33. Pour ce paragraphe et le précédent, on trouvera une bibliographie détaillée dans Dahan et Pestre (2003).

(5) Pour les savoirs proprement dits, quatre grandes tendances sont à l'œuvre des années 1870 aux années 1970, à savoir :

– une tendance à un *réductionnisme généralisé* rendu désirable et efficace par la maîtrise des micro-phénomènes au laboratoire et par de nouvelles pratiques théoriques. Cela est typique de la physique des électrons, des atomes, des noyaux, des particules "élémentaires" et des théories quantiques, cela est vrai de la génétique et de la molécularisation du vivant par la suite. Ce détour par le "micro" en laboratoire a été extraordinairement productif puisque, autorisant la fabrication d'univers artificiels toujours plus vastes et démiurgiques (la physique des électrons est au fondement de l'électronique), univers que seules les pratiques industrielles permettent toutefois de faire advenir (seule l'industrie dispose des moyens pour fabriquer certains produits, le silicium dopé par exemple), il a scellé une interdépendance étroite de la science ouverte et de la science privée et conduit à l'invention de cette économie de la connaissance spécifique que nous cherchons ici à décrire. J'ajouterai un point : la physique est au cœur de ce moment, les sciences de la vie et des logiciels étant au cœur de la rupture des années 1980 – et qui se marque en termes de régulations économique et politique nouvelles ;

– une *attitude* très souvent *pragmatique*, sous l'influence des laboratoires industriels et militaires, et qui mobilise tous les moyens disponibles au-delà des disciplines constituées de l'université. Présentes dans l'industrie dès la fin du siècle dernier et l'entre-deux-guerres, ces pratiques transdisciplinaires et trans-métiers sont reprises par les États et les militaires après le second conflit mondial (pensons à la recherche opérationnelle par exemple ou à la gestion de grands programmes devant recomposer les champs disciplinaires, comme pour la science des matériaux dans les années 1950). Cette tendance à toujours plus de pragmatisme fait de la techno-science un monde où *"everything goes"* en termes de méthode, où seul compte le résultat – ce qui a conduit à une redéfinition des actes légitimes dans la science "pure" elle-même ;

– un usage accru des mathématiques et des *processus de formalisation* en général, la généralisation de leur emprise dans toute la techno-science et sa gestion, et leur extension à la maîtrise de l'économique, du politique et du social. Les approches statistiques et calculatoires se généralisent pour l'appréhension du réel, notamment celles de modélisation et de simulation (sur machines analogiques d'abord, numériques par la suite). Ce développement fait ses premières armes à la fin du XIXe siècle (ce qu'inaugure le grand mathématicien qu'est Félix Klein, à Göttingen), il s'étend avec de nouvelles formes de modélisation (assumées comme telles dans beaucoup de disciplines des années 1920 et 1930, dont la biologie), avec l'explosion du champ des "mathématiques appliquées" et les simulations après guerre (le travail pour la bombe H aux États-Unis à la fin des années 1940) mais ne prendra son véritable essor qu'après les années 1960 ;

– une *fondamentalisation de la recherche appliquée* et des études d'ingénieurs, une scientifisation et une formalisation accrue des "génies" (électrique ou chimique par exemple), ainsi qu'une action centrale et capitale des scientifiques et ingénieurs dans la mise en place d'une métrologie généralisée. Moins étudié, ce changement dans les pratiques d'ingénieurs est pourtant central et peut-être le plus décisif : il constitue l'autre face, l'autre condition pour le succès de ce régime nouveau d'existence des sciences en société qu'est cette économie de la connaissance des années 1870 à 1970. Dans tous les cas, ces pratiques sont organiquement liées à des développements instrumentaux et techniques permettant une maîtrise accrue sur les choses[34].

Même si la thèse reste pour l'instant très compacte et peu illustrée, je dirais que, au long des années 1870 à 1970, la

---

34. Beaucoup des idées développées ici viennent de la lecture de Castonguay (1998) et des nombreuses discussions que j'ai eues avec lui. Qu'il soit ici remercié.

science s'intègre hautement, en tant que système de pratiques et idéologie rationalisatrice, à la vie des nations. Parce qu'elle est instrumentalisée et mise en œuvre par les divers pouvoirs dans ce qu'elle a de plus fondamental et de plus pur, qu'elle est pertinente pour la vie économique comme pour la vie militaire, pour la vie idéologique comme pour les valeurs sociales, elle est profondément guidée, modelée, déterminée par les contextes sociaux et formes de production qui l'encadrent et autorisent son développement. Symétriquement, elle redéfinit constamment les possibles et "performe" les activités humaines et sociales d'une façon croissante. Elle ouvre des champs à l'activité économique comme à l'action sociale ou technique, elle est cause et conséquence, origine et produit de ces transformations. Inséparables de techniques pratiques et formelles, de pratiques matérielles et sociales, les dispositifs et les savoirs abstraits qu'elle produit sont les aboutissements autant que la source des profondes recompositions que connaissent nos modes de vie et notre expérience du monde. L'électronique, tout au long du siècle (des laboratoires de General Electric et de la Bell au début du siècle au radar et au transistor au milieu du siècle, des lasers et masers aux nouveaux matériaux, des ordinateurs aux technologies de l'information et de la communication aujourd'hui), serait un parfait exemple de ce double mouvement de constante redéfinition des univers scientifiques et sociaux – celui des savoirs sur le vivant (génétique, bio-médecine, *agro-business*) en constituant un exemple plus récent mais encore plus spectaculaire. La science, ou plus exactement la techno-science industrielle, transforme radicalement ce qu'est la vie sociale et biologique, et elle le fait de façon irréversible, sans toujours prendre le temps de mesurer les déséquilibres qu'elle introduit[35].

Précisons ces thèses en développant plus précisément ces analyses pour les deux sous-périodes qui me semblent les

35. Pour les sciences physiques, Eckert et Schubert (1990) et Reich (1985) ; pour les sciences biologiques, Gaudillière (2002).

plus significatives, celle qui court des années 1870 aux années 1930 et celle qui va des années 1930 aux années 1970, incluant donc la seconde guerre mondiale et les "Trente Glorieuses".

Des années 1870 aux années 1930 : industrie, États-nations et science

Un livre récent[36], celui de Steve Fuller intitulé *Thomas Kuhn, A Philosophical History for Our Time*, propose une image percutante des débats qui ont animé les milieux intellectuels à la fin du XIXe siècle, débats dont on ne peut comprendre les tenants et aboutissants que si l'on resitue les profondes mutations qui marquent alors la production des savoirs et leur impact sociétal et politique. D'abord, le dernier tiers du XIXe siècle voit émerger un nouveau monde industriel gagé sur les derniers savoirs scientifiques – qu'il s'agisse de télégraphie, de chimie, d'électricité, d'électrotechnologie, de radio, de science des matériaux ou de chimie agricole. L'accompagnent la création, de façon successive :

– de nouveaux lieux d'enseignement : les universités scientifiques sont alors profondément remaniées et le dispositif est complété par la création d'universités, d'écoles et d'instituts techniques de toutes sortes (les universités de "brique rouge" en Angleterre par exemple, mais aussi tous les instituts techniques des universités françaises de la fin du XIXe siècle) qui fleurissent à des centaines d'exemplaires à travers l'Europe et les États-Unis ;

– d'espaces et de lieux d'un nouveau genre : mentionnons les laboratoires de recherche en milieu industriel qui apparaissent dans les dernières décennies du siècle et deviennent de règle des années 1900 aux années d'avant la seconde guerre mondiale dans beaucoup de pays d'Europe et aux

36. Fuller (2000).

États-Unis (la majorité des physiciens américains travaillent dans de telles structures dès avant la première guerre mondiale) ; mentionnons aussi les centres de recherche et de diffusion des savoirs en matière agronomique ou les centres de normalisation comme le Physikalische-Technische Reichsanstalt en Allemagne ou le National Bureau of Standards aux États-Unis, des institutions de recherche capitales pour la nouvelle économie et chargées de développer les normes et standards matériels indispensables à l'interconnexion des réseaux, à l'échange des produits, au bon fonctionnement des processus de production, et de façon générale à la croissance industrielle comme à la maîtrise des marchés (définitions d'unités, d'étalons, de normes techniques...)[37] ;

– des agences nationales de recherche financées par les États (et parfois les industriels) et qui visent à socialiser une part de la recherche et de ce qu'on a plus tard appelé le développement. C'est le cas de la Caisse nationale des sciences, puis du CNRS en France, une entreprise remise sur le métier pendant quatre décennies et qui ne prendra sa forme définitive (et massive) qu'avec l'imminence de la guerre et la mobilisation scientifique de 1938 ; c'est bien sûr aussi le cas de la Kaiser Wilhelm Gesellschaft en Allemagne installée avec ses laboratoires dès avant la première guerre mondiale (et des autres fondations mises en place après la défaite de 1918), du Department of Scientific and Industrial Research en Angleterre, sous-produit de la mobilisation de guerre, installé en 1915 mais préservé par la suite, du Consiglio Nazionale delle Ricerche en Italie, mis en place lui aussi au sortir de la guerre, etc. ;

37. Cette image est bien sûr simpliste. Il est en fait une multitude de structures visant à la normalisation au sein d'un même pays. En France, on peut mentionner le Laboratoire national d'essais du CNAM mais aussi le laboratoire de l'artillerie de Puteaux avant la première guerre mondiale et le Laboratoire central de l'armement après, etc.

– des laboratoires nationaux, c'est-à-dire des laboratoires créés de toutes pièces par les États dans les champs neufs à fort potentiel technique (comme l'aéronautique dans les années 1930) et dont on veut qu'ils servent de lien entre universités et industriels et fécondent les deux mondes. Cette étape ne prendra pourtant son ampleur qu'avec les Trente Glorieuses, renforçant d'autant le poids des États dans les sciences.

Ces évolutions sont typiques des sciences physico-chimiques. Elles sont infiniment moins vraies pour les sciences du vivant où l'opérationalité et la construction d'univers artificiels nouveaux sont bien moindres et où, en conséquence, le rôle des États comme gérants du bien national, économique autant que militaire, reste mineur (les sciences du vivant sont encore largement financées par des fondations privées dans les États-Unis d'avant 1940). Parallèlement à ces créations institutionnelles de toutes natures, qui indiquent la nouvelle place des sciences dans l'univers industriel de l'État-nation, la science devient, sous la houlette des ingénieurs, une manière de penser et gérer les activités humaines. La pensée rationalisatrice pénètre dans l'atelier comme dans les bureaux, le mouvement implique "l'organisation scientifique du travail" pour les cols bleus comme pour les cols blancs, mais aussi le travail à la chaîne et le bureau des méthodes, et une place nouvelle pour le traitement de l'information. L'organisation et la planification des activités passent au centre des préoccupations et l'approche de la production comme système devient monnaie courante.

Pour sa part, le travail de laboratoire se transforme et ses produits, matériels comme humains, deviennent le résultat d'une professionnalisation et d'une organisation hiérarchisée. C'est notamment de ce moment que date l'invention du laboratoire d'enseignement dans les universités, cet espace où est formé le nouvel acteur scientifique des technosciences et pour lequel savoir-faire et maîtrise des instruments sont les maîtres-mots (c'est par de tels dispositifs qu'on modifie alors la définition sociale des hommes de science). Dans ces espaces revisités par la seconde révolution industrielle, on pratique et définit autrement le métier de savant et ses modes d'apprentissage, de nouvelles normes d'efficacité pratique s'imposent, et les réseaux dans lesquels le travail prend sens se transforment profondément. Je développerai ici un seul exemple, celui du laboratoire Curie, toujours donné comme emblématique des pratiques "éternelles" de la science "pure", et qui ne peut donc être qu'instructif. Or, toutes les études récentes sur ce laboratoire montrent que ce sont les Curie et leurs collaborateurs qui ont construit l'industrie du radium en France, de toutes pièces et délibérément. Dès 1899, soit moins de deux ans après la découverte de la radioactivité, ils ont cherché la collaboration de la Société centrale des produits chimiques. André Debierne, l'assistant des Curie, transforme les techniques de laboratoire en procédures industrielles pour la compagnie, obtenant en retour une part des sels de radium extraits. Cinq ans plus tard, Marie Curie commence une collaboration avec un chimiste industriel, Armet de Lisle. Cette fois c'est Jacques Danne, éditeur du journal *Le Radium* et membre du laboratoire, qui organise la production. En 1907, Danne fonde son propre laboratoire privé de recherche et de production (pour mettre sur le marché des instruments dérivés de ceux du laboratoire Curie) et, en 1908, un autre chercheur part établir le service de mesure et de purification d'une compagnie fondée cette fois par Henry de Rotschild.

Ces comportements – qui n'ont rien d'exceptionnel dans le panorama français des sciences physico-chimiques, ni dans le panorama européen et américain – s'expliquent par le fait que les éléments radioactifs n'existent qu'en quantité infime dans les minerais, que seuls des procédés industriels peuvent amener le laboratoire à disposer de quantités suffisantes pour son travail – que l'industrie est en ce sens décisive pour une pratique efficace des sciences elles-mêmes ; ils s'expliquent par le fait que le savant se doit à son pays, à son développement économique comme au bien-être de ses habitants – et souvent, ce qui n'est pas le cas des Curie, qu'il souhaite gagner de l'argent grâce à ses découvertes. Cette nécessité se marque dans les cours de Marie Curie, donnés largement à des ingénieurs ; dans la conception d'instruments utiles à la prospection et aux activités industrielles ; ainsi que dans une préoccupation continue des usages médicaux. Pierre Curie est le premier en France à s'intéresser aux effets biologiques du radium et à collaborer avec des médecins, tandis que Jacques Danne et d'autres ingénieurs formés à l'École de physique et chimie industrielle de la Ville de Paris, l'*Alma Mater* de Langevin, de Pierre Curie, puis de Joliot, contribuent, dans les premières décennies du siècle, à la préparation de sources calibrées pour les traitements et à l'évaluation des dosages nécessaires aux activités médicales[38].

Vers une fondamentalisation en physique

Dans cette période commence aussi un nouveau type de fondamentalisation des sciences physiques, une nouvelle manière de définir les objets pertinents de la discipline, de concevoir le projet, d'agir au laboratoire et d'expliquer les choses – et qui va dans le sens d'une réduction à des entités sous-jacentes, d'une régression vers des entités toujours plus petites et ultimes, vers les composants "élémentaires" de la matière dont la combinaison doit permettre de comprendre le monde sensible et macroscopique. Il ne s'agit plus de faire une science des phénomènes, de construire des systèmes d'équations reliant des entités macroscopiques, et d'avancer ainsi vers un corpus descriptif complet de lois macro-phénoménologiques affinées grâce à des mesures toujours plus exactes. Il s'agit au contraire d'ouvrir une nouvelle boîte de Pandore et de regarder, grâce à des outils neufs, à l'intérieur du monde, au tréfonds du monde, dans ce qu'il est à une échelle qui n'est pas la nôtre et qui, pour cette raison, avait été laissé hors du monde raisonnable de la science des siècles précédents : non point maîtriser les phénomènes grâce à une bonne sténographie des relations qui

---

38. Boudia (2001).

lient les divers macro-éléments que nous appréhendons (champ et intensité en électricité par exemple) mais donner un sens expérimental aux vieilles notions d'atomes ou de corpuscules, faire surgir l'infiniment petit dans les rets de l'expérience et de la théorie mathématisée – et à son tour domestiquer ce niveau et le faire servir. Ce travail requiert de nouveaux outils théoriques (la mécanique quantique et son cortège de questions philosophiques est bien sûr au cœur de cette réforme dans les années 1920) mais aussi une transformation profonde des techniques expérimentales, des objectifs qu'on poursuit comme des normes qui définissent un travail bien fait. C'est ce qui se produit avec la microphysique des électrons qui s'invente dans la dernière décennie du XIXe siècle (puis avec la physique des composants du noyau) et qui reste pendant de longues années une physique plus qualitative que la physique phénoménologique incarnée par l'optique physique et l'électromagnétisme classique[39].

Rappelons que les années 1890 sont en effet celles de la découverte de l'électron – mais surtout, car c'est ce qui importe ici, de sa maîtrise expérimentale, maîtrise matérielle qui va conduire à la techno-science de l'électronique des tubes au long des années 1910 à 1950 (diodes, triodes et autres dans un premier temps, magnétrons et klystrons ensuite, décisifs pour les radars de guerre). Ainsi, dès la première décennie du siècle, les laboratoires de la Bell recrutent-ils sciemment les élèves du grand patron de la physique américaine qu'est Robert Millikan, les seules personnes alors formées à la manipulation des électrons ; le but que leur fixe la Bell est d'établir des communications téléphoniques à longue distance entre les côtes atlantique et pacifique du pays[40]. Cette découverte et cette maîtrise vont aussi conduire à une nouvelle science des matériaux (les semi-conducteurs

39. Cette nouvelle physique relève en quelque sorte, si l'on utilise le vocabulaire de Carlo Guinzburg, d'un paradigme indiciaire alors que la physique phénoménologique classique relève d'une logique de la mesure et de l'exactitude. Voir Guinzburg (1989).

40. Reich (1985).

sont au cœur de ces projets), ainsi qu'à la physico-chimie de l'atome à partir du fameux modèle de Bohr, puis de la physique des quanta.

Les années 1890 sont aussi celles où la nouvelle boîte de Pandore livre un autre secret et un autre moyen matériel de mener l'investigation microscopique : la découverte des phénomènes radioactifs, de la désintégration des noyaux d'atome – et de l'usage qu'on peut faire de ces "constituants élémentaires" que la nature fournit (les "particules" alpha et autres) et qui vont sonder l'infiniment petit pour nous. De là émerge la physique du noyau, la physique nucléaire qui, une fois proprement industrialisée dans les années 1930, une fois prise en main et reformatée par des ingénieurs de guerre, génèrera à son tour le complexe cognitif-industriel particulièrement puissant qui est celui de la guerre froide. Plus généralement, le mélange de haute théorie et de préoccupations pratiques envahit ces laboratoires, la transdisciplinarité et de nouveaux liens entre métiers, industries et université voient le jour, l'ensemble conduisant à de forts renouveaux scientifiques, techniques et industriels.

Cette pratique nouvelle et réductionniste de la physique est donc transversale (dans sa métaphysique, ses modes de travail et d'explication, ses techniques, comme dans ses normes de succès ou d'échec) par rapport à la physique phénoménologique des lois et à la physique de la précision qui domine les universités de la fin du XIXe siècle et qui est au fondement des révolutions industrielles du télégraphe, de l'électricité industrielle et de la radio[41]. Cette dernière ne disparaît pas, loin s'en faut ; elle reste au contraire au cœur de la techno-science jusqu'aux années 1930, notamment dans ses fonctions de normalisation et de métrologie. Les techniques de l'astronomie et de l'optique physique continuent d'offrir les moyens les plus efficaces pour définir et maîtriser pratiquement les étalons indispensables aux arts

---

41. On regardera deux thèses récentes sur ces questions, Lelong (1995) et Bigg (2001).

mécaniques, par exemple, et l'industrie en dépend crucialement pour son expansion. Je pense ici aux réseaux de diffraction indéfiniment perfectionnés par Rowlands, professeur à Johns Hopkins et en lien constant avec l'industrie de précision allemande et américaine, ou aux interféromètres de Fabry et Perot[42] qui deviennent les outils de mesure et de calibration de toute la micro-mécanique du début du siècle.
Il n'en reste pas moins qu'une autre approche voit le jour, une approche initialement moins préoccupée de précision et de l'établissement de normes pour l'industrie, mais qui deviendra, à partir des années 1930 et durant la guerre, la ressource la plus puissante pour transformer le monde matériel. Qui plus est, cette micro-physique démultipliera alors les capacités humaines d'intervention sur le monde de façon radicale, elle ouvrira les portes à une nouvelle étape de l'histoire de l'humanité – ce qui sera alors vrai des sciences du vivant. Dans le domaine des sciences du vivant, toutefois, le phénomène est plus tardif. Le début du siècle est néanmoins le moment d'apparition de la génétique (celle de l'école de Morgan, utilisant la drosophile comme modèle animal), du développement de la statistique en matière agronomique, mais aussi celui du modèle pasteurien qui lie étroitement étude des entités microscopiques (les microbes), pratiques de laboratoire et de production (sérums, vaccins), et nouvelles formes de pratiques sociales (réforme de l'hygiène par exemple).

Vers une "essentialisation" de la science

C'est aussi de ce second XIXe siècle que date l'invention de "la science" comme catégorie générale[43], comme catégorie

---

42. Fabry (qui deviendra professeur à l'École polytechnique et à la Sorbonne) et Perot (qui dirigera le Laboratoire national d'essais du CNAM) sont les deux grands opticiens français du tournant du siècle. Leurs liens sont organiques avec les instituts de normalisation (le Bureau des poids et mesures de Sèvres par exemple), l'industrie d'optique et de précision (la firme de Grammont par exemple) et les militaires (avec qui ils co-fonderont, au sortir de la première guerre mondiale, l'Institut d'optique pure et appliquée).

43. Ceci est l'œuvre de Whewell dans le monde anglophone.

qui unifie un ensemble d'activités et l'essentialise pour lui donner un sens nouveau. Avec elle s'établit l'évidence de la hiérarchie pur/appliqué et le fait que l'abstrait et le théorique sont ce qui guide et caractérise en propre une science capable de transformer le monde. Ce faisant, deux opérations intellectuelles majeures sont accomplies : la science se donne d'une part comme maîtresse de ce qui advient dans l'ordre des "applications" (s'appropriant ainsi des univers largement indépendants d'elle et aux logiques propres), elle réécrit de l'autre ce qu'est son passé et énonce qu'elle n'a jamais changé de nature et a toujours existé sous la même forme en amont de tout "usage" (ce qui revient à nier le changement massif qui est alors en train de s'opérer et à dévaloriser la créativité propre du travail d'ingénieur). L'important est ici le *hold up* intellectuel et rhétorique qu'opèrent les clercs : ils inventent une image, une tradition, une homogénéisation du passé qui les met au centre de ce qui advient (la nouvelle puissance protéiforme des techno-sciences) tout en en masquant l'origine. Émerge ainsi un nouveau discours normatif et ontologique qui fait de "la science pure" et éternelle la matrice de toute chose (pour être un peu caricatural, on pourrait dire que c'est le moment où s'invente, où se solidifie la croyance dans la Science comme mode 1 de production des savoirs séparé du monde industriel et politique). Et ce discours peut s'imposer car il se moule parfaitement dans les images de soi qui sont celles des clercs, des humanités et de nombreux scientifiques, car il "sert" les intérêts les mieux compris : en échange du *hold up* symbolique proposé par l'univers académique, les milieux industriels et techniques obtiennent que les pratiques universitaires se transforment et que la science se fasse, de fait, autrement. Ces années sont donc celles d'un nouveau contrat social auquel se plient sans déplaisir les savants qui deviennent patrons de laboratoires industriels, consultants, créateurs d'instituts universitaires techniques – tout en gardant leur statut social de purs sujets connaissants dédiés à la seule vérité et développant leurs activités de façon désintéressée. Se renouvelle ainsi le mythe de la science comme activité séparée du monde commun, de la science comme pure activité de connaissance visant à produire des représentations et qui a existé de tout temps sous cette forme. Le paradoxe est bien sûr que la solidification de cette image advient au moment même où elle perd de sa pertinence[44].

Dans ces années, l'univers techno-scientifique-industriel n'est toutefois pas la seule nouveauté ni le seul référent. Le dernier tiers du XIXe siècle est aussi le moment d'affermissement, de justification et de transformation de *l'État-nation*. Cette période n'est en effet pas seulement la période d'apparition de ce que nous appelons les industries de la connaissance, elle est aussi le moment de déploiement de la Nation, de sa fabrication par l'enseignement et le discours historique, de sa stabilisation à travers les législations du travail et la protection sociale – elle est celui de son enracinement matériel par l'investissement systématique des champs techniques et scientifiques. C'est le moment où le (futur) chef d'état-major allemand von Molkte prédit que le monde entre dans l'ère des guerres totales et de la mobilisation permanente pour les préparer et les mener. Dans ce registre, le laboratoire et la professionnalisation de la recherche deviennent des valeurs premières et les États, en lien organique avec l'industrie et les savants, se donnent comme devoir de garantir leur pérennité. Dans ce monde, le savant n'est plus un "intellectuel" mais un professionnel spécialisé dédié à sa seule discipline et à la poursuite d'une connaissance de pointe. Le former n'implique plus d'en faire un héritier de la quête socratique du savoir et de la sagesse, mais suppose d'en faire un spécialiste qui a évacué tout ce qui n'est pas décisif pour le travail pratique et finalisé de recherche qui est devenu le sien[45].

---

44. Pour ce paragraphe et le suivant, Fuller (2000) donne les références nécessaires.

45. C'est la question qui oppose les deux grands physiciens (et philosophes) Ernst Mach et Max Planck dans le grand débat qu'ils ont avant la première guerre mondiale et qui porte autant sur le statut des savoirs et des savants que sur l'enseignement des sciences. Voir par exemple Fuller (2000).

On assiste donc à une sécularisation profonde des activités de la science, à leur insertion radicale dans le cadre industriel et idéologique de la construction nationale. Alors que les sciences sont largement des affaires privées et locales jusqu'aux années 1880 (elles sont le fait d'universitaires et d'industries régionales, en France par exemple), elles deviennent, à partir de cette date, des affaires qui concernent le pays en tant que tel. C'est en ce sens que David Edgerton parle de *nationalisation* des sciences, un processus qui fait des sciences un enjeu majeur pour l'État, au même titre que la puissance militaire et la paix sociale, qui fait du développement scientifico-technique une préoccupation commune au personnel politique, aux industriels, aux militaires et aux grands barons des sciences. Ceci s'explique par le fait que cette période est celle d'une violente compétition entre États, au niveau militaire comme au niveau économique. Il suffira d'évoquer, d'une part les conflits inter-européens autour des possessions coloniales, la compétition pour le contrôle des océans et de l'information, la première guerre mondiale, la montée des fascismes et du nazisme ; d'autre part, l'intensité des batailles pour la suprématie économique et industrielle et l'importance prise par la science et les laboratoires de recherche dans l'industrie à partir des années 1900. Des variations sont sensibles de pays à pays quant aux formes de développement de la techno-science (des États-Unis, où domine une recherche industrielle conquérante après 1900, à l'Allemagne, où la collaboration est organique entre État fédéral, Länder et industriels, en passant par la France, où l'innovation repose encore largement, au sein des entreprises, sur les ingénieurs de production, et non sur des départements de recherche séparés) mais la mise en place d'une économie basée sur les connaissances devient un enjeu central pour la domination du monde[46].

Avec la première guerre mondiale se mettent en place des économies largement planifiées ; de nouvelles formes de

---

46. Edgerton (1997).

rationalisation de la production apparaissent (le meilleur exemple en est en France l'organisation de la production de guerre par le ministre Albert Thomas) et les budgets des États, appuyés sur les impôts directs, entament leur croissance irrésistible. La guerre est aussi le moment d'apparition de nouveaux usages pour la science, avec le développement de techniques qui transforment l'art guerrier (détection à distance des batteries et des sous-marins) mais aussi l'usage systématique des démarches de la science pour penser les combats et planifier de gigantesques systèmes techniques fonctionnant en réseau, comme la conception, à suite de la guerre, d'un système national de détection des attaques aériennes au Royaume-Uni.

Pour le bien de la nation

La mise en place de *l'État social* suit des chronologies similaires et renvoie, par-delà des éléments conjoncturels propres à la sphère socio-politique, à la situation déjà décrite – avec les mêmes variations notables de pays à pays. Dans les deux premiers tiers du XIXe siècle, le paupérisme radical qui affecte les nouvelles classes prolétaires trouve une première réponse (minimale) dans la philanthropie et le paternalisme patronal. Toutefois, au moment où le salariat ouvrier devient un phénomène social massif, où il s'organise et conteste l'état auquel il est réduit – et donc menace la stabilité des sociétés industrielles – ces solutions sont rejetées comme insuffisantes par une part des élites. Le choix est alors fait de développer des formes de protection plus globales et systématiques contre la vieillesse, la maladie, les accidents et le chômage involontaire, formes de protection qui commencent à se mettre en place sous contrôle progressif de l'État au tournant des XIXe et XXe siècles. Le rythme et l'ampleur de la mise en œuvre de ces politiques sont très différenciés de pays à pays, mais la direction est partout similaire : elle consiste à inventer un droit de propriété sociale appuyé sur l'obligation assurantielle, un droit qui s'obtient non par la possession d'un patrimoine personnel mais par l'entrée dans un système de protection gagé sur le travail ; elle repose sur un nouvel ensemble de valeurs, celles d'une société de semblables devant et pouvant vivre dans la sécurité, le fait qu'un droit à la solidarité collective est à inventer sur les décombres des formes habituelles d'entraide. S'inscrit ainsi, dans les mentalités et le droit, l'idée que le social ne se réduit pas à des contrats individuels (pas plus dans la relation de travail que dans l'image globale qu'on se fait d'une société), que le collectif a des devoirs vis-à-vis de ses membres les plus démunis, que la société est un ensemble et non une collection d'intérêts – que l'assurance "de tous les citoyens contre l'ensemble des risques de la vie commune" est, selon Léon Bourgeois en 1904, "la condition nécessaire du développement pacifique de toute société", "l'objet nécessaire du devoir social"[47].

L'objet n'est pas ici de rentrer dans les débats importants (et politiquement capitaux) qui ont lieu autour de la compréhension de ce processus. J'insisterai seulement sur trois points. D'abord sur le fait que si les États sont amenés à jouer ce rôle, c'est que les "protections rapprochées", les solidarités des sociétés traditionnelles (et holistes) ont été définitivement mises à mal par l'industrialisation et la vie urbaine qui l'accompagne ; que la rigueur n'a pas toujours été de mise dans la gestion (patronale) de certaines sociétés de secours mutuel – mais aussi que certains (Bourgeois, Jaurès, mais aussi Durkheim ou Mauss) militent pour des solutions qui sortent radicalement de l'assistance et de la dégradation morale qu'elle induit. Il faut ensuite insister sur le fait que ces protections restent extrêmement minimales jusqu'aux années 1930 et aux Trente Glorieuses. Le phénomène est particulièrement net en France où l'opposition idéologique et sociale à de telles mesures est plus forte qu'ailleurs (les couvertures sociales sont beaucoup plus étendues en Allemagne avant 1914 par exemple, comme l'est la dynamique techno-scientifique industrielle et le rôle de l'État comme entrepreneur de science – ce qui n'est pas une coïncidence). En ce

47. Cité par Castel (1995), 318.

sens, il n'y a pas raison de mythifier la réalité de ce premier "État providence".

Reste toutefois, en termes de principes, une reconnaissance essentielle. Celle qu'une société est un tout, qu'elle est plus que la somme de ses parties, qu'il est une "délicate essence de la cité" qu'il convient de préserver (le mot est de Mauss) ; celle qu'une société est d'autant plus démocratique "qu'elle reconnaît ses divisions" mais favorise aussi "le déploiement des capacités morales des citoyens à s'obliger réciproquement", que l'homme "a été longtemps autre chose [qu'une] machine compliquée d'une machine à calculer" (le mot est de Mauss à propos de l'*homo oeconomicus*) – qu'il est en fait des valeurs transcendant le seul calcul intéressé, et qu'il n'est donc pas souhaitable de laisser le marché, notamment le marché du travail, à sa seule logique. Mais aussi qu'il en va à ce moment de la survie et de l'intérêt bien compris de la nation. Que ce soit en matière de sciences et d'innovation, en matière de compétition économique, en matière de préparation pour la guerre, comme en matière d'existence du social, aucun pays ne peut prendre le risque de tout miser sur l'initiative individuelle et la main invisible du marché. Il faut que, à côté de cette indispensable initiative individuelle, soit maintenu et géré, pour la force du collectif national, un équilibre entre privé et public, entre liberté et contrainte[48].

Des années 1930 aux années 1970 : sciences, seconde guerre mondiale et guerre froide[49]

La fin des années 1930, la seconde guerre mondiale et la guerre froide qui lui fait suite sans discontinuité définissent un moment d'apogée de l'intégration engagée dans la pério-

48. On se reportera à Chanial (2001) où l'on trouvera tous les éléments nécessaires à la rédaction de ce paragraphe.

49. Les références bibliographiques complètes se trouvent dans Dahan et Pestre (2003).

de précédente entre industrie, techno-science et État chargé de diriger la guerre et de maintenir l'unité du corps social. C'est le moment d'épanouissement du modèle du *welfare state*, système de protection des plus faibles sous l'ombrelle active des États – comme il est celui du *warfare state* organisé sur les mêmes bases que lui. Comme moteur des deux, comme aide à la gestion des deux : la science. C'est à cette triple caractéristique que je m'intéresserai d'abord.

Une culture de l'urgence et de la mobilisation

Au fondement des années 1940 à 1970 se trouve une culture de l'urgence et de la mobilisation permanentes. Animées d'une foi technologique sans faille suscitée par les réussites de la seconde guerre mondiale, ces années n'imaginent pas que la technique alliée à la science (une techno-science mêlant organiquement savoirs d'ingénieurs et savoirs mathématiques ou physiciens, et intéressée par toutes formes de modélisations) puisse ne pas résoudre tous les problèmes. Cette foi, omniprésente dans les élites industrielles, politiques et scientifiques, se manifeste dans le fait qu'on croit souvent que la science est à l'origine de tout développement technique, lui-même à l'origine du progrès industriel, économique et social (ceci est théorisé par les économistes du changement technique à travers le modèle linéaire). Elle se marque par la conviction que si tous les moyens sont mobilisés, une solution sera toujours trouvée ; le modèle est alors celui de Los Alamos et de l'énorme complexe industriel mis en place par Du Pont de Nemours pour produire les matériaux fissiles nécessaires au programme nucléaire américain – et c'est ce qui motive les recherches développées pour la fusion nucléaire aux États-Unis, en Grande-Bretagne et en URSS jusqu'au milieu des années 1950 (où l'on pense réussir en poussant les techniques jusqu'à leurs dernières limites) ; c'est ce qui fonde les programmes de lutte contre le cancer ou de *scanning* des molécules produites en série par l'industrie pharmaceutique ; et c'est ce qui fonde les politiques de réforme du monde agricole vers toujours plus de "productivité". Dans tous les cas, la croyance veut qu'une action techno-scientifique coordonnée, si l'on y met les moyens, viendra à bout de n'importe quelle difficulté et conduira à la solution de tous les problèmes, y compris des problèmes sociaux. Ces croyances fortes mèneront à une technicisation croissante de l'action politique, économique et stratégique, à grands renforts de modèles et d'ordinateurs.

Cette culture qui s'est épanouie pendant la guerre n'est pas qu'un culte des solutions inventées au laboratoire (dispositifs techniques, molécules révolutionnaires, semences nouvelles) ou dans les centres de calcul. Elle est au moins autant une culture du management, de l'action encadrée par la science, de l'expérimentation sur les populations (action toujours perçue comme légitime et modernisatrice) ; elle est une culture de l'analyse et de la planification à partir d'un centre dont l'État et les experts scientifiques et industriels sont les acteurs privilégiés[50]. Durant la guerre et la guerre froide, les militaires et les industriels ont appris que, si l'on souhaite être rapidement efficace, les solutions doivent toujours être techniques *et* logistiques, de hardware *et* de gestion des hommes. Ils ont appris que la dimension planificatrice vaut autant du côté de la production (qui est une production de masse) que du côté des usages (ceux des produits chimiques pour l'agriculture par exemple) et du contrôle des hommes. De même pour la santé où il convient d'organiser des essais thérapeutiques à grande échelle, si l'on souhaite trier parmi les nouvelles molécules et si l'on souhaite garantir publiquement la neutralité des essais. L'industrie a certes mis en place des procédures de ce type depuis le XIXe siècle, mais le changement d'échelle des activités (gérer les conflits à l'échelle planétaire, notamment entre l'Est et l'Ouest), le rôle nouveau et centralisateur joué par les appareils d'État (souvent en position de décision du fait du contexte de guerre), la mobilisation volontaire du meilleur du monde scientifique et mathématique comme la confiance

50. Voir Bonneuil (2000) pour l'application au cas colonial.

inébranlable dans la légitimité des actions menées au nom de la Science, ont conduit à un changement qualitatif.

Les élites qui soutiennent ce mouvement ont en commun d'avoir contribué directement à l'effort de guerre. Il s'agit bien évidemment de militaires, notamment de ceux venant des échelons intermédiaires, qui ont été au contact direct des scientifiques et des ingénieurs, et qui ont eu à juger de leurs méthodes sur le champ de bataille ou dans la lutte contre la malaria. Il s'agit aussi de cadres industriels, de gestionnaires ou de capitaines d'industrie ayant servi dans des bureaux de recherche opérationnelle ou sur le terrain pendant le conflit (c'est notamment le cas du futur secrétaire à la défense de Kennedy, Robert McNamara, dont la carrière et le rôle au département de la Défense sont profondément marqués par ce moment). Il s'agit encore d'ingénieurs-théoriciens, de concepteurs de systèmes, de techniciens formés au meilleur des sciences, de personnes qui travaillent dans le traitement du signal (Shannon à la Bell[51]), sur de nouvelles machines à calculer (chez IBM), dans la chimie des polymères (chez DuPont), dans la R&D aéronautique et la conception de missiles (chez Douglas Aircraft), dans la pharmacie industrielle et la chimie agricole, etc. Il s'agit enfin de physiciens, de mathématiciens, de logiciens, d'économistes, de spécialistes de biologie humaine ou végétale et autres psychologues ou anthropologues pour un temps immergés dans l'univers de la guerre, dans l'univers des solutions à trouver et à mettre en œuvre dans l'urgence. La guerre leur a offert des possibilités quasi-illimitées d'agir et d'innover, elle les a affranchis des contraintes financières – et ils ont pu penser leurs nouveaux projets avec démesure.

Ces hommes ont appris les vertus et l'efficacité des approches pragmatiques pour lesquelles seul le résultat im-

---

51. Claude E. Shannon est physicien et ingénieur. Il publie en 1948 un texte essentiel considéré comme fondant la théorie de l'information. Ce texte, *A Mathematical Theory of Communication*, a été publié dans le *Bell System Technical Journal*, vol. 27, juillet et octobre 1948, 379-423 et 623-656.

porte. Ils ont appris à mettre à profit toutes les ressources imaginables (de la psychologie et la propagande à la logique et aux techniques d'ingénieurs) sans qu'une échelle de valeur surannée (la hiérarchie comtienne des savoirs par exemple) puisse être invoquée contre le seul critère qui vaille, celui de l'efficacité ici et maintenant ; ils ont appris à définir eux-mêmes les problèmes et les solutions, solutions à mettre en œuvre rationnellement, y compris, si nécessaire, contre l'avis des populations concernées ; ils ont surtout appris l'intérêt du travail collectivement distribué, des séances de *brain storming* en amont (dans le cadre des *think tanks* et autres *summer studies*), et l'importance, en aval, d'une organisation méticuleuse de l'action. Ce faisant, ils ont généralisé une démarche, un *modus operandi* qui consiste en : (1) définir précisément l'objectif, qui doit être unique et dont on doit pouvoir suivre et mesurer la réalisation, (2) créer un groupe d'intervention décidé regroupant toutes les expertises possibles pour attaquer le problème, aucun moyen n'étant a priori exclu (y compris en termes éthiques), (3) décortiquer la situation de toutes les façons possibles en combinant *hardware* et *software*, sciences dures, sciences de l'ingénieur et sciences sociales, (4) trouver l'angle d'attaque pertinent et énoncer une procédure d'action à mettre en œuvre, (5) agir en masse, de façon coordonnée, en mobilisant toutes les ressources disponibles, (6) évaluer à chaque moment le résultat, numériquement si possible, et passer à l'opération suivante. Dans les années 1940 et 50, ce *modus operandi* devient la norme de toute bonne action, qu'on fasse de la physique, qu'on organise des essais thérapeutiques ou qu'on réforme l'organisation sociale dans les métropoles ou dans les colonies.

Gérer la société

Cette manière de faire articulée sur un État central fort, ce mode de régulation politique reposant sur une association étroite entre un centre puissant et des experts qu'il aide à se constituer en groupes autonomes – un *pro-ministrative state*, pour reprendre l'expression maintenant classique de Brian Balogh[52], n'est pas seulement attestée au cœur des systèmes d'innovation et de rénovation de la production, elle l'est tout autant dans la gestion et la réforme du social, au cœur du pouvoir d'État. Cette nouvelle forme de définition de l'État et de ses interventions prend cette ampleur pour des raisons diverses : politiques (la montée des conflits, le besoin d'accroître et de rationaliser la gestion de systèmes industriels et politiques devenus gigantesques) ; économiques (la récession des années 1930, les politiques anti-crises et le keynésianisme) ; idéologiques (la lutte contre le nazisme et le communisme) ; mais surtout du fait, à nouveau, de la guerre froide puisqu'il faut démontrer la supériorité d'un système social, politique et économique, celui du monde libre, et ainsi développer des formes d'État social qui puissent servir de modèle.

Ce *pro-ministrative state* est décisif pour comprendre le type de compromis social qui se met alors en place. De façon schématique, on dira que les Trente Glorieuses sont caractéristiques d'une société salariale industrielle en pleine croissance, ce qui autorise aussi bien une redistribution des revenus en faveur des salariés (augmentations régulières des salaires, croissance de la consommation populaire, etc.) qu'une capacité de promotion pour les couches plus modestes et une extension de la protection et de l'intégration sociales (législation du travail, régimes de "sécurité sociale" ou de retraites, principes de gestion des conflits sociaux, etc.). L'avenir est radieux, l'horizon est celui du progrès et les modèles de consommation, d'éducation, de culture, convergent. Le sort de la nouvelle classe ouvrière s'améliore radicalement, elle "s'embourgeoise". Le projet égalitariste constitue alors l'une des principales cités de justice dans le domaine public et une solidarité "anonyme" et automatique, organisée le plus souvent par les États, remplace progressivement les anciennes solidarités. En Europe, l'État a la

52. Balogh (1991).

légitimité pour intervenir massivement comme régulateur et redistributeur de biens et de services ; dans le cadre de relations codifiées et en partenariat avec des groupes sociaux organisés et représentés en tant que tels par des syndicats et partis (pensons aux conventions collectives en France, mais des systèmes de même nature existent dans tous les pays du Vieux Continent), il promeut des régimes de défense des plus faibles et une idéologie de la réforme comme condition du progrès de tous. Cette dynamique sociale et politique profite de la croissance économique et du développement des échanges mondiaux, et une émancipation des individus se fait au détriment des solidarités anciennes (solidarités de parenté, de voisinage, religieuses, etc.). Si les marchés restent les sources premières de cette dynamique, l'État intervient de façon beaucoup plus directe que dans la phase précédente pour en corriger les effets perturbateurs, pour garantir la cohésion du corps social et le faire progresser vers "la modernité". Politiquement, le réglage se fait par une opposition assez stable entre des politiques de droite et de gauche définies principalement par leur attitude vis-à-vis de la répartition à opérer d'une richesse en croissance régulière.

Si les individus peuvent en partie s'émanciper des structures les plus traditionnelles de contrôle, ces sociétés n'en restent pas moins fortement structurées en groupes à forte conscience subjective. Il n'est pas illégitime, en ce sens, de dire que ces sociétés sont encore des sociétés de classes. Elles sont aussi très hiérarchiques dans leurs fonctionnements et leurs valeurs. L'organisation du travail reste par exemple taylorienne et fordiste, séparant nettement conception et pouvoir d'une part, exécution et soumission de l'autre. Cette manière *top-down* n'est pas vraie seulement dans l'entreprise : elle est inscrite dans la pensée même de l'État et de sa gestion du lien social. Cela est vrai des régimes de santé, gérés de façon centralisée par des professionnels et qui peuvent devenir très vite "dé-responsabilisants" ; cela est vrai du fonctionnement administratif (les usagers n'ont pas de droits reconnus) comme des modes de consommation, qu'il s'agisse de la consommation des biens matériels qui sont offerts en toujours plus grand nombre, ou de services comme l'école. La contrepartie se trouve dans les avantages statutaires et sociaux qui garantissent protection sociale et contrôle de l'exclusion, contrôle de la fourchette des rémunérations et (relative) stabilité des emplois. Il ne faut toutefois pas forcer ce dernier trait. Il y a une réelle vivacité d'un mouvement associatif, en France par exemple, mouvement parfois encadré par les représentants des groupes sociaux organisés (religions, syndicats, comités d'entreprise) et soutenu, pour ce qui est des infrastructures, par des États providence qui multiplient équipements collectifs et politiques contractuelles d'aides aux plus défavorisés. Apparaît ainsi, grâce à l'État, une professionnalisation du travail social, une prise en charge et un encadrement fort de la société fonctionnant comme garant des solidarités. Il est donc une ambiguïté constitutive dans ces pratiques : elles sont en un sens "autoritaires" et commandées du centre (même si elles laissent de réelles possibilités d'action à tous les individus), mais elles offrent des avantages certains pour les plus démunis.

C'est que ces années sont aussi l'apogée d'une société qui se vit comme une composition de groupes en équilibre et en conflit, ce qui se traduit dans la pensée savante, sociologique par exemple. Les classes sociales des Trente Glorieuses existent massivement dans les consciences (par exemple dans la fierté ouvrière, dans ses organisations et associations, mais aussi dans les sciences sociales), elles sont source d'identités intensément vécues, elles sont au fondement de l'imaginaire social et politique, elles sous-tendent la vie des partis et s'incarnent dans les mœurs, l'habillement, les loisirs comme dans le sentiment de la nécessité des luttes, syndicales par exemple. Elles existent aussi via les effets politiques et sociaux de la science administrative, elle-même gagée sur les constructions savantes des sociologues et politistes ; elles se marquent dans les discours statistiques (l'usage évident des "catégories socio-professionnelles" en France), les modes de négociation sociales et la participation

Jean Porte 1954

de ces groupes, représentés en tant que tels, à la gestion de l'État.

Nouvelle étape de la fondamentalisation

Concernant les sciences physiques ou biologiques, le processus de fondamentalisation atteint un nouveau stade. Il signifie alors deux choses. D'une part, une capacité matérielle, développée au laboratoire, à manifester et manipuler des phénomènes au niveau d'entités élémentaires (le noyau atomique dans les sciences physiques) ou moléculaires (en chimie et biologie), une capacité à mesurer et purifier dans un premier temps, à recomposer et instrumentaliser ces entités élémentaires par la suite (on produit par exemple des "jets moléculaires", ou on séquence des gènes). Cette maîtrise pratique met en jeu de l'instrumental très raffiné, des savoir-faire nombreux et des outils formels et de calcul très puissants. De l'autre, on a affaire à une élaboration théorique sophistiquée construite sur ces micro-entités, théories qui guident les pratiques de laboratoire et en démultiplient l'efficacité. Dans les sciences physiques, on manipule (pratiquement et théoriquement) des matériaux artificiels semi-conducteurs produits au laboratoire ; en biologie, des macromolécules et des gènes – la transcription industrielle des techniques instrumentales et expérimentales étant présente dès le départ. On est donc en tension constante entre le très abstrait et le très matériel, on combine le théorique et le calculatoire (via les modèles par exemple), et l'expérimental est profondément lié au technique ; on navigue du travail sur papier au travail avec des moyens de calcul et au travail à la paillasse, on circule du laboratoire à la normalisation des techniques et à la mise en production, des savoirs les plus abstraits à l'intrumentalisation standardisée et au développement technique. On circule aussi constamment de l'univers universitaire aux univers industriel et militaire, administratif et politique.

Ces mouvements perpétuels d'un registre à l'autre sont en effet le fait d'institutions diverses et articulées les unes aux autres : la physique des atomes telle qu'elle est pratiquée au laboratoire de Townes à l'université Columbia est en continuité avec celle des laboratoires industriels développant des lasers ; les outils inventés par les "techno-physiciens" (et devenus boîtes noires) se déplacent et recomposent la chimie comme la biologie (un exemple parfait est celui de l'usage des techniques de résonance magnétique nucléaire (RMN) dans la chimie, un autre l'emploi de la microscopie électronique et de l'électrophorèse en biologie fondamentale et industrielle) ; et la pensée du social est directement affectée (pensées stratégiques, théorie des jeux, analyse des systèmes, psychologie, urbanisme). Les laboratoires de recherche de l'industrie et du complexe militaire sont au cœur du dispositif (en électronique, physique des matériaux, aéronautique, informatique, chimie, modélisation, techniques de simulation et de reconnaissance des formes, mais aussi dans les sciences agronomiques, les sciences économiques et sociales et la réflexion sur la ville). Apparaissent de nouveaux domaines (océanographie, mesures de longues distances, étude de la haute atmosphère et connaissance de l'espace grâce aux fusées) ainsi que de nouveaux modèles de management du social et de la production industrielle (gestion des programmes d'engins balistiques, formalisation d'outils de gestion comme le PERT, *Program Evaluation Review Technique* développé en 1957) ; finalement de nouvelles régions scientifico-techniques comme la Silicon Valley et la Route 128 voient le jour, régions caractérisées par des liens denses entre universités et création d'entreprises basées sur la connaissance.

Cette mise en usage politique et économique des sciences pour le bien supérieur de pays en guerre (froide), et sous stimulation forte des États, reste toutefois une affaire menée d'abord par des entreprises privées – ce qui n'est contradictoire qu'en apparence et superficiellement. Au long du siècle en effet, et notamment durant la guerre froide, les grandes sociétés comme IBM en informatique, ATT et le *Bell system* en électronique, ou Boeing en aéronautique, fonctionnent tout autant pour leurs intérêts financiers propres que pour le bien supérieur des États-Unis. Le cas est évident en France puisque l'État a contribué lui-même à la création de ces géants industriels (souvent nationalisés) et qu'il prétend même se substituer à leurs volontés défaillantes (pensons au gaullisme triomphant) ; il l'est tout autant aux États-Unis où ces compagnies agissent pour leur compte propre et pour la sécurité nationale, avec la bénédiction et le soutien financier et intellectuel d'un État fédéral et de militaires extraordinairement interventionnistes sous le couvert d'autres rhétoriques. Ce sont les politiques d'État qui expliquent la croissance de ces mastodontes (pensons à IBM dans les années 1950) ou qui permettent de comprendre les changements alors rapides de systèmes techniques : c'est le cas des transistors rendus financièrement rentables seulement par une politique de perfusion financée par les militaires américains pendant une décennie entière. Aujourd'hui encore, d'ailleurs, dans les toutes puissantes technologies de l'information et de la communication (TIC), l'État et les militaires ne sont jamais très loin des compagnies privées et celles-ci de l'intérêt national.

Une conclusion

Je voudrais conclure ce chapitre, qui nécessiterait de nombreux développements et renvois bibliographiques, en insistant sur un point que je n'ai pas encore abordé. Si le modèle de l'État-nation tel qu'il est défini à partir du milieu du XVIIe siècle dans son double rapport à un territoire et à un système international d'équilibre entre puissances ne perd aucune pertinence – c'est globalement le régime qui se met en place avec la paix de Westphalie – l'irruption (ou la généralisation) de la démocratie dans l'Europe du second XIXe siècle conduit à une transformation radicale et profonde de la place qu'occupe l'État dans l'univers social, y compris dans l'ordre symbolique. Cette irruption démocratique contribue bien sûr à l'émergence progressive de l'État social et à son implication croissante dans les systèmes d'enseignement, de santé ou de protection sociale. Mais elle contribue aussi à faire de cet État une entité évidente, une entité autonome et bientôt dominante, une réalité prenant "naturellement" place au centre de la société. À la limite, elle crée une identification entre société et État. Ce dernier devient certes un appareil gestionnaire en charge d'un collectif de plus en plus présent, une institution bureaucratique-rationnelle fondée sur la pensée scientifique et qui (re)définit les frontières entre (bien) public et (intérêt) privé, mais il le fait en occupant un espace protéiforme et bientôt structurant pour l'ensemble de la société. L'État devient pacificateur et médiateur du social, il redistribue et accompagne chacun, il "modernise", anticipe le futur, arbitre entre les scénarios économiques, stratégiques et sociaux – et en ce sens devient l'incarnation du social en action. Il est certes devenu *responsable* de l'avenir du pays dans un sens direct, il se doit certes d'être interventionniste et éclairé, et son objectif est de maintenir la nation dans toute sa force sur une base universelle, mais il est plus que cela : il est la Nation incarnée, la Nation qui choisit, celle qui ne reste pas à la merci des forces occultes, que celles-ci soient les forces du marché ou celles des pulsions irrationnelles qui motivent les hommes. L'État nouveau "englobe" la "société civile", il l'absorbe à force de la gérer et de la conduire, il instaure une cité de justice qui, progressivement, se vit comme indépassable, éternelle, intangible. L'État est alors l'aboutissement du programme des Lumières, celui de la maîtrise parfaite de soi ; il n'est plus un État (historiquement daté et apparu dans des circonstances particulières), il est *l'État*, il est ce que l'État aurait toujours dû être : il en constitue l'essence enfin advenue.

Et c'est cette évidence et la cité de justice qu'elle porte qui se sont trouvées contestées dans les dernières décennies.

[illegible] de protection [illegible], si elle [illegible] pas [illegible]
faite de [illegible] d'une [illegible] une caste autorisée et
[illegible] prenant, quand [illegible] une
[illegible] à la limite, elle crée une identité
[illegible] de l'État. Ce dernier n'a rien certes d'
[illegible] en charge d'un électorat de plus en plus
pressant [illegible] un militantisme politique [illegible] de l'élite
sur la [illegible] qu'elle est [illegible] défiant les frontières
[illegible] l'intérêt privé, mais très [illegible]
[illegible] et bientôt [illegible]
[illegible] devenue [illegible]
[illegible] distribue et accompagne [illegible]
[illegible] le butin arraché entre les [illegible]
[illegible] symboliques et [illegible] et en ce sens [illegible]
[illegible] de [illegible] ces actions. Il est certes [illegible]
[illegible] du pays [illegible] sous [illegible]
[illegible] l'extérieur, et son [illegible]
est de [illegible] dans toute sa [illegible]
[illegible] mais il [illegible] plus que cela [illegible]
[illegible] choisie, celle qui [illegible]
[illegible], que celle-ci soient [illegible]
[illegible] des puissances [illegible]
[illegible] la [illegible]
[illegible] de la guerre et de la conquête [illegible]
[illegible] se [illegible]
[illegible] l'État est alors [illegible]
[illegible] l'Europe en contrôle la [illegible]
[illegible] dans [illegible] de l'exploitation [illegible]
des [illegible] Ainsi [illegible]
[illegible] comprendre l'essence [illegible]

[illegible] de justice [illegible]
[illegible] dans les dernières décennies [illegible]

Chapitre 3

Libéralisme, finance, brevets et production des sciences aujourd'hui

De la variété des lectures proposées et de la prudence nécessaire

Dans les chapitres qui suivent, je voudrais prendre à bras le corps les trois dernières décennies. Le problème est plus délicat que dans les précédents puisque nous ne disposons pas de recul, que nous ne connaissons pas la suite de l'histoire, et que nous subissons idéologiquement l'époque et ses valeurs. Puisqu'elle porte sur le monde actuel, notre caractérisation pourra en revanche avoir de l'efficace pratique et peser sur les changements en cours ou à venir, elle pourra être un moyen d'amplifier les mouvements ou de les infléchir – par exemple si nous les "dé-naturalisons" et ne les décrivons pas comme des choses qui simplement "adviennent", si nous montrons des moments de bifurcation et indiquons des alternatives. Ces remarques ne sont pas "académiques" puisque les lectures déjà proposées sont multiples, qu'elles sont marquées par, et conduisent à des positionnements politiques et sociaux divergents. Le phénomène est classique en sciences sociales puisque nos descriptions peuvent produire des effets et avoir des conséquences sur l'action sociale.

Je commencerai par évoquer la variété des discours tenus sur ce que nous vivons aujourd'hui, sur ce qui caractériserait en propre les mutations actuelles[53]. Il n'est pas question d'être systématique sur ces discours et je reviendrai sur certains d'entre eux au début du chapitre suivant. Pour le moment, je me limiterai à une évocation rapide de quelques

53. Un ouvrage à visée large et de haute tenue est Crouch (1999).

grandes thématiques. Une première lecture est celle sur laquelle je me suis appuyé à l'origine de ce texte, celle proposée par Gibbons, Nowotny et leurs collègues. Pour eux, nous vivons une rupture dans les modes de production des savoirs marqués par une plus grande fluidité des liens, une perte de centralité de l'université, une transdisciplinarité devenant organique et une autre relation des savants au monde social et aux régulations politiques. Cette rupture conduit à valoriser des comportements (qu'on retrouve hors du monde de la techno-science) et dont les maîtres-mots sont flexibilité, responsabilité, adaptabilité. Je noterai que la réception de ces travaux fut réelle en France, notamment dans les milieux de gestion des sciences et les milieux scientifiques

Une seconde thématique, particulièrement développée dans le monde universitaire américain, pourrait être celle de la post-modernité. Sous ce vocable, se cache un monde très divers et qui a beaucoup évolué dans ses descriptions au cours des deux dernières décennies. Il insiste lui aussi sur l'idée d'une grande rupture avec les siècles antérieurs et la modernité héritée des Lumières ; il critique cette modernité comme aveugle à elle-même, a-morale et scientiste, une modernité centrée sur les grandes organisations et marquant une grande foi en la rationalité conquérante de la science ; il insiste sur la limite de l'universalisme occidental, masculin et mâle, sur l'émergence récente d'un nouveau sens du devoir et de l'éthique, sur le droit à l'individualisme et à l'affirmation d'identités propres, comme sur la nécessaire reconnaissance des "minorités" et de leurs droits (femmes, groupes ethniques, homosexuels, lesbiennes, etc.) ; il défend la nécessité de nouvelles postures morales, l'importance de la responsabilité individuelle et celle de la réflexivité dans l'action sociale[54]. Je noterai ici les points de convergence avec les travaux de Gibbons et Nowotny (la science est dans

54. À titre d'exemple dans une littérature infinie, Grossberg, Nelson et Treichler (1992), Appiah et Gates (1995) et Bauman (1993).

le social, la science a des comptes à rendre sur ce qu'elle fait qui est toujours déjà un choix politique) et que ces approches sont à la source de travaux très nombreux.

Une troisième thématique pourrait être celle des sociétés post-industrielles marquées par la fin d'un type particulier de production et d'organisation (la fin du fordisme et du taylorisme, l'apparition de nouvelles formes de management et de gestion de la production), mais aussi par l'émergence de nouveaux groupes sociaux ne se définissant pas d'abord par leur rapport à la production. Ces analyses tendent à insister, comme les précédentes, sur les nouvelles relations de travail, plus souples et en réseaux, sur l'autonomie dont jouissent dorénavant les acteurs – une version particulière insistant sur l'émergence ou la généralisation d'économies d'un nouveau type basées sur la connaissance. Cette thématique est plus présente en France que les deux précédentes, avec des travaux d'une extraordinaire qualité[55].

La quatrième thématique celle de la globalisation (comme on dit en anglais), avec sa dimension démographique et culturelle d'une part (étude, par exemple, des mouvements de population à l'échelle planétaire et existence de noyaux de populations émigrées ayant des difficultés d'intégration dans les sociétés du Nord) et ses dimensions économiques et politiques insisterait sur la place nouvelle du capital financier, la perte de pouvoir des États nationaux et la montée de nouveaux types de droits et de modes de régulation judiciarisés à l'échelle internationale, la question de la place et de la redéfinition du politique dans cette évolution devenant centrale. Pour ce *globalization debate* (le terme et l'évidence qu'il y a une question de la mondialisation sont empruntés à Ulrich Beck), un point est de savoir jusqu'où nos outils habituels pour penser l'action sociale et politique (le cadre national, les formes législatives et réglementaires, le clivage droite-gauche, etc.) sont encore adaptés[56].

55. Un excellent livre en français sur ces questions est Veltz (2000).

56. D'un ensemble très vaste, on retiendra Barret-Ducrocq (2002), Bauman (1998), Beck (2000).

Cinquième caractérisation devenue omniprésente dans la dernière décennie et sur laquelle je reviendrai longuement dans le chapitre 4, nous serions entrés dans une société dont les grands enjeux ont changé de nature, dans une société du risque impliquant, elle aussi, une place nouvelle pour la responsabilité individuelle et collective, et vis-à-vis des générations futures, et une attention devenue vitale pour les questions environnementales et sanitaires[57].

Les liens sont multiples et les renvois nombreux entre ces caractérisations, la variation est grande d'un auteur à l'autre, et il convient de considérer les lignes précédentes comme de simples indications. Un exemple de variation pourrait être donné par la post-modernité réflexive de Giddens (et ses échanges avec la seconde modernité de Ulrich Beck) et leur insistance commune sur un approfondissement de la modernité dans le sens d'une généralisation d'approches rationnelles et scientifiques repensées socialement[58]. Quoiqu'il en soit, un thème est commun : nous sommes les témoins de changements sociaux et économiques majeurs, de changements politiques, idéologiques et culturels décisifs ; nous vivons une destruction du compromis historique apparu à la fin du XIXe siècle et dont l'apogée se situe dans les Trente Glorieuses ; les attitudes vis-à-vis de la science, de ses productions comme de ses régulations, sont en profonde mutation. Restent les difficultés : juger de la pertinence de ces descriptions, mesurer l'ampleur des changements, leur irréversibilité comme les variations locales (l'évolution est-elle similaire en Europe continentale, aux États-Unis et en Inde ? des contre-mouvements ne sont-ils pas à l'œuvre ?) ; apprécier la nature contradictoire des changements (qu'en est-il de l'autonomie des individus ?) et mesurer les effets qu'un même phénomène peut produire (le post-fordisme libère-t-il des contraintes ou conduit-il à un accroissement des dépendances matérielles et psychiques ?).

---

57. Le livre classique sur la question est Beck (2001). On ajoutera Lash, Szerszynski et Wynne (1996).

58. Beck, Giddens et Lash (1994).

Dans ce chapitre, j'évoquerai successivement les changements sociaux et politiques à l'œuvre depuis trois décennies, puis les modes de production des savoirs dans leur relation à ces changements socio-économiques. Je ne serai pas exhaustif sur les changements globaux ; d'autres sont plus savants que moi et je ne donnerai que des repères. Il me semble toutefois indispensable de les évoquer dans la mesure où ils constituent souvent un point aveugle chez ceux qui étudient les sciences – alors que ces changements ont des effets massifs sur les savoirs et leurs orientations. Je serai en revanche un peu plus systématique sur la manière dont le monde de la science et de la recherche a évolué depuis trente ans dans ses modes de production et de légitimation.

Des modes de production et des régulations sociales aujourd'hui

Je commencerai par le livre de Luc Boltanski et Eve Chiapello qui retourne en partie à Weber et Marx pour caractériser le nouvel esprit (et les pratiques) du capitalisme de la fin du XXe siècle[59]. L'originalité et la force critique de leur lecture tient à une focalisation sur les théories du management, à une volonté de dénaturaliser la description des transformations qu'a connues le monde de la production. Ils n'enregistrent pas une simple modification des pratiques gestionnaires (qui seraient devenues plus ouvertes et attentives à l'autonomie des individus) mais décrivent l'émergence d'un nouveau corps de doctrines lié à des acteurs très précisément situés d'un point de vue historique, acteurs faisant face à une situation inédite et cherchant à la transformer en leur faveur. Confrontés aux mouvements sociaux massifs qui marquent les années 1965-1975 et à la difficulté de gérer les entreprises de façon efficace, les managers d'entreprise en viennent à l'idée qu'il faut inverser radicalement la tendance historique qui définit le rapport entre "capital" et "tra-

59. Boltanski et Chiapello (2000).

vail" si le but est de restaurer l'autorité, la hiérarchie et la productivité. Ce faisant, ils contribuent à l'apparition d'un nouveau régime de régulation sociale et politique. Ils commencent certes avec une inversion des techniques de gestion à l'intérieur des entreprises, mais ils terminent avec un nouveau vocabulaire, de nouvelles prescriptions gouvernant les comportements et les devoirs, la définition d'une nouvelle "forme de vie", d'une nouvelle cité de justice. Boltanski et Chiapello nomment cet ensemble de valeurs, dont les termes principaux sont travail en réseau, autonomie et créativité libérées des hiérarchies, mobilité et adaptabilité, *la cité par projet*. Dans ce qui devient avec le temps une croisade organisationnelle, sociale et idéologique, l'insistance est sur le travail à temps partiel, la flexibilité, la fin des "privilèges" et des "corporatismes" – tous thèmes bien connus et ne méritant pas développement. Un "nouveau contrat social" en émerge toutefois, un contrat qui rompt assez profondément avec celui des Trente Glorieuses.

Ces actions pour une reconfiguration profonde des relations de travail s'inscrivent dans une nébuleuse beaucoup plus vaste d'initiatives. Une chronologie possible du phénomène pourrait être celle-ci. Entrent d'abord en scène des acteurs agissant chacun pour leur compte : les gestionnaires d'entreprise dès le début des années 1970, nous venons de le voir, confrontés qu'ils sont au coulage, à l'absentéisme, aux refus collectifs d'obéissance, à Turin comme aux usines ultra-modernes de General Motors à Lordstown[60]. Mais il faut aussi penser aux acteurs de la finance internationale, si l'on me permet cette expression, et aux possibilités nouvelles qui s'offrent à eux à partir du tournant des années 1970 et 1980 : libéralisation des marchés obligataires, réorganisation de la dette des États, mais aussi, à des niveaux apparemment plus anodins ou conjoncturels, la transformation des règles d'accès au Nasdaq (pour le développement du capital-risque, essentiel aux nouvelles technologies) ou l'externali-

60. Waring (1991), 145.

sation de la gestion des fonds de pension des entreprises américaines. Selon Sabine Montagne, par exemple, l'apparition de fonds de pension dorénavant gérés par des professionnels de la finance est décisive dans la mise en place du nouveau régime de régulation centré sur les marchés financiers : les normes d'organisation dont les gestionnaires se dotent pour se protéger et être évalués facilement par les administrateurs des fonds conduit à l'élaboration de normes qui se transmettent en retour aux entreprises. Reprises par les marchés financiers qui trouvent là des outils qu'ils comprennent et maîtrisent, elles conduisent *in fine*, dans les années 1990, à la domination d'une "coordination procédurale" et financière ("l'exigence de lisibilité" initiale des gestionnaires financiers, écrit-elle encore, est à l'origine de l'actuelle "bonne gouvernance d'entreprise") [61].

La financiarisation de l'économie

Richard Minns insiste pour sa part sur l'impact de ces nouveaux modes de gestion dans l'apparition, dans les années 1980, du nouveau discours qui fait dépendre la croissance économique, la montée des niveaux de vie, la garantie de retraite et l'augmentation de l'épargne... du développement des fonds de pension gérés sur les marchés financiers. Comprendre ce qui a rendu ce discours évident renvoie à des groupes et des dynamiques nombreuses : aux intérêts bien compris des institutions financières anglo-américaines relayées par la Banque mondiale et le Fonds monétaire international (on peut lire sur ce point le réquisitoire informé de Stiglitz) ; aux actions pour libérer les mouvements de capitaux des contraintes territoriales et réduire les régulations sociales qui limitent leur capacité d'action (pénétrer l'Allemagne et transformer "le modèle rhénan" par exemple) ; aux gouvernements qui, en période de crise économique et de montée du chômage, et en l'absence d'alternatives aux difficultés rencontrées par les systèmes sociaux, pensent

61. Montagne (2000).

ainsi se libérer du "fardeau" des retraites ; à l'extraordinaire force de frappe financière momentanément procurée à ceux ayant adopté les premiers ces solutions, notamment lors des privatisations ou à l'occasion de prises de contrôle spectaculaires ; à l'émergence, aussi, d'une nouvelle classe de gestionnaires d'entreprises multinationales et d'organismes internationaux, personnes interchangeables, partageant la même éducation et les mêmes idéaux, et recevant les dividendes prodigieux qu'autorisent le nouveau système[62].

Le résultat en est connu, il est une financiarisation de l'économie, le recours privilégié au marché pour le financement des entreprises, la référence exclusive au critère du rendement financier pour juger des résultats. Nous sommes passés à une économie de rente, dit Orléan, avec tous les effets pervers qu'on peut escompter d'un système basé sur un critère d'évaluation unique. A partir du moment où le standard des rendements boursiers est le seul qui vaille, et que les rémunérations des managers sont elles-mêmes gagées sur ces seuls rendements (via la distribution des *stock options*), les perversions sont massives... comme elles ont pu l'être dans l'économie soviétique, elle aussi réglée par une norme unique et sans contrepoids. Comme l'exprime Fitoussi en toute généralité : la domination d'un système unique de distribution et d'appropriation des biens et richesses est toujours catastrophique pour le fonctionnement social collectif. Et comme le montre parfaitement Orléan sur le cas qui nous occupe ici, celui de la domination sans partage des critères d'une économie de rente, l'alignement de toutes les évaluations et rémunérations sur un seul critère conduit à d'importants effets pervers dont on peut en juger à l'aune des scandales des deux dernières années[63].

---

62. Minns (2001) ; voir aussi Aguiton (2001), Gréau (2000) et Stiglitz (2002).

63. Interview d'André Orléan dans *Le Monde*, 3 septembre 2002 ; voir aussi Orléan (2002), Fitoussi (2002) et l'article d'Alain Marion à propos de Vivendi (et qui montre que rien ne garantit que les intérêts des actionnaires et ceux des dirigeants convergent) dans *Le Monde* du 1er octobre 2002.

L'avènement des doctrines néo-libérales

On ne peut toutefois en rester là, se limiter à ces deux groupes d'acteurs managériaux et financiers dont les actions se conjuguent dans une alchimie mal prévisible. Il faut aussi mentionner les politiques, et parmi eux Mrs Thatcher et le président Ronald Reagan qui, les premiers, donnent voix et cohérence à un nouveau cours des choses, à la nécessaire inversion des valeurs sociales comme au nécessaire démantèlement de l'État providence, au besoin de refonder le contrat social et de répondre à la crise de civilisation que révèlent les évènements de 1968 et des premières années 1970. Les *think tanks* conservateurs (ou réformateurs si l'on préfère) sont alors nombreux à se réunir, à proposer des alternatives aux solutions des Trente Glorieuses[64]. Ces propositions sont pour partie mises en œuvre par les institutions financières internationales et les chefs d'entreprises (le brassage intellectuel est alors grand dans ces cercles puisqu'il s'agit de repenser le système dans son entier et d'abolir ce que le dernier siècle a mis en place en matière de régulation sociale centrée sur l'État) ; elles prônent un retour à l'initiative individuelle, à la prise de risque et à la liberté d'entreprendre (au détriment des politiques d'assistance), à la réduction du champ d'intervention des États, à la privatisation des entreprises publiques. Elles conduisent à modifier les formes de la propriété intellectuelle et l'implication des universités dans le marché, comme on le verra. Ce moment est, en France, celui du phénomène Tapie, celui de la conversion de la gauche politique à l'entreprise et au marché et, dans la culture des élites universitaires, celui de la démonétisation très rapide du marxisme. Alors qu'il était de bon ton de se référer à Marx, à des "intérêts" et à une vision conflictuelle du social, le début des années 1980 voit une inversion brutale de ces valeurs.

---

64. Marion Fourcade-Gourinchas (1995) avait étudié ce point particulier pour moi dans un mémoire à Harvard en 1995. On peut aussi lire, à titre d'exemple, la *Brookings Review*.

Avec la chute du communisme en 1989-1990, le nouveau cours historique devient profondément hégémonique ; il efface des solutions possibles le compromis historique des Trente Glorieuses, et de nouvelles règles s'inscrivent dans les pratiques économiques et réglementaires. Ce qu'on a pris coutume d'appeler le consensus de Washington est énoncé (libéraliser les marchés financiers, libéraliser le commerce, favoriser l'investissement étranger à parité avec les investissements, introduire la concurrence dans tous les secteurs de l'économie et des services) et il est mis en œuvre au long des années 1990 par toutes sortes d'institutions : poussée en faveur d'une dénationalisation et d'une ouverture radicale de l'industrie du Vieux Continent via la Communauté européenne, actions similaires entreprises dans le Tiers-Monde par la Banque mondiale et le FMI, transferts de prérogatives des États à des banques centrales "indépendantes". Plus généralement, on assiste à un transfert de pouvoirs, au nom de l'efficacité de tout ce qui est privé par rapport à ce qui est public, à des organismes (l'OMC par exemple, créé au milieu des années 1990) qui n'ont pas de légitimité démocratique directe mais sont dotés de pouvoirs réglementaires importants et dont les décisions s'appliquent aux États. Ces années sont aussi celles d'une reconquête de la suprématie américano-occidentale à l'échelle planétaire, d'une affirmation de puissance qu'ouvre la guerre du Golfe et qui est toujours pendante.

D'un point de vue social – mais ceci est aussi un fait bien connu – le résultat de ce large mouvement de recomposition est un renversement de la tendance historique en faveur d'une extension régulière des droits et de la protection des groupes les plus défavorisés de la société. Le "nouvel esprit du capitalisme" donne une autre image de ce qui est bien et de ce qui est mal, de ce que sont ou doivent être les solidarités sociales, leur nature et leur place. Pour les groupes ouvriers ou employés, numériquement encore très majoritaires, l'avenir apparaît maintenant sombre. Les possibilités d'ascension sociale se referment par rapport aux années 1960 et 1970, l'école promeut moins les enfants des classes populaires qu'il y a trente ans, les modèles de comportement et de niveaux de vie divergent à nouveau – et les phénomènes sont ressentis de cette façon. Aux risques du chômage et de la marginalisation, toujours possibles, s'ajoute le sentiment d'être pris dans des dynamiques régressives. Les salaires populaires ne profitent pas de la croissance comme ceux des autres groupes, des formes de travail très déqualifiées et non protégées de type quasiment pré-industriel font leur réapparition (qu'on pense au cas bien connu des caissières et autres employé(e)s des services des fameuses technologies de l'information et de la communication dont les horaires de travail les rendent à peu près corvéables à merci) ; la "flexibilité" externe, synonyme de contrats à durée déterminée, côtoie la coopération forcée en interne (dite elle-même flexible par antiphrase), et la souplesse des horaires signifie, pour la majorité, travail précaire ou à mi-temps, travail imposé et nouvelles formes d'asservissement. Plus théoriquement, on peut dire qu'on assiste à la fin de la classe ouvrière organisée et incarnée dans des institutions et des dispositifs législatifs et de régulation politique (syndicats, conventions collectives, droits sociaux), à la fin d'une conscience de classe vécue comme élément positif de structuration sociale et politique : la remplacent une atomisation et une perte, parfois douloureusement vécue, d'identité et de dignité. Ce constat ne signifie pas une absence de manières communes de vivre ; celles-ci sont au contraire très bien ressenties dans les milieux populaires et elles peuvent se traduire négativement lors d'élections, comme nous l'avons vu depuis vingt ans en France avec le vote pour le Front national[65].

---

65. L'inégalité face à la distribution des revenus s'accroît très fortement depuis trente ans dans chaque pays, chacun l'admet ; je ne donnerai donc qu'un chiffre : "50% du surcroît de richesse créée aux États-Unis entre 1983 et 1998 ont bénéficié aux 1% des ménages les plus riches, et 90% de cette même richesse aux 20% des ménages déjà les plus "favorisés" (Fitoussi, *Le Monde*, 31 décembre 2002). Plus globalement sur la condition ouvrière, voir Andresky Fraser (2001), Beaud et Pialoux (1999), Demazière et Pignoni (1998), Dejours (1998), Declerck (2001), Richet (2002) et Chauvel (2002) ; pour une vision viscéralement anti-mondialisation – je veux dire qui tient que "la nouvelle doctrine du libre-échangisme mondia-

Des rapports Nord-Sud

Entre régions du monde, la question de l'inégalité et de son évolution est un peu plus débattue puisqu'on peut noter un rétrécissement statistique de l'écart entre le groupe des pays du Nord et ceux du Sud. Cet écart continue toutefois de croître en chiffres absolus et le rétrécissement relatif n'est dû qu'à l'Asie du Sud-Est, et notamment au développement qu'ont connu certains pays comme Taïwan, Singapour ou la Corée du Sud. Si l'on prend l'Amérique latine, une région qui n'a versé ni dans l'exploit ni dans la déchéance aggravée – à la différence de l'Afrique – on peut dire que tout n'est pas négatif dans le bilan des années 1990. L'inflation a été éradiquée et un certain retour à la croissance est apparu. Celle-ci est toutefois très volatile et se caractérise "par une dépendance financière et technologique croissante, des inégalités impressionnantes et en augmentation, un niveau de pauvreté très élevé et une extrême vulnérabilité des pauvres à des perturbations macroéconomiques fortes" (Pierre Salaman)[66]. La logique du transfert de richesses vers le Nord s'est en fait aggravée dans beaucoup de cas. Le système de régulation qui existait entre les pays producteurs et les pays importateurs de café, par exemple, a disparu dans la période de montée du discours libéral ; il a conduit à une augmentation de la production de 20% dans les années 1990 (pour une augmentation de la consommation de 10%) mais le revenu des producteurs a fondu, de 12,5 à 5,5 milliards de dollars. Des oligopoles se sont constitués (cinq entreprises du Nord contrôlent maintenant 60% du marché et elles ont vu leur chiffre d'affaire doubler en dix ans), les barrières douanières sur les produits transformés (le café soluble par exemple)

liste [...] n'a entraîné [en réalité] que désordre et misère dans le monde entier", on lira les articles de Maurice Allais dans le *Figaro* : Allais (1998, 2002).

66. *Le Monde*, 15 octobre 2002. Laurence Caramel et Serge Marti ajoutent : "Les crises se sont multipliées au fur et à mesure que les pays de la région liaient leur survie financière aux marchés internationaux de capitaux", "des pans entiers de [leur] appareil productif [ayant] été sacrifiés dans une ouverture précipitée".

ont été augmentées par les pays du Nord (et moins d'un centime d'euro revient au pays producteur par tasse de café consommée dans le monde)[67]. Plus généralement, on assiste à une destruction continue des régimes de production habituels, comme des équilibres avec l'environnement : les productions vivrières sont menacées par la libéralisation des marchés (l'autosubsistance n'est pas favorisée par les organismes internationaux du type FMI), les mondes paysans continuent de se dissoudre et les déplacements vers la misère des villes se poursuivent de façon inquiétante[68].

Au fond, il s'agit d'une accélération de ce qu'a engagé la Révolution Verte. Rappelons sa logique[69] : mettre au cœur la démarche et les méthodes techno-scientifique de laboratoire en vue de sélectionner de nouvelles variétés, d'augmenter les productions et de faire des économies d'échelle. Le travail de recherche est fait dans quelques grands centres internationaux, l'idéal poursuivi étant l'invention d'une plante conçue comme une entité indépendante à créer puis à diffuser et vendre. En bonne logique réductionniste, le privilège est accordé à l'intervention sur le plant sélectionné pour ses qualités intrinsèques, indépendamment des conditions dans lesquelles il aura à vivre. Les tests permettant de définir la bonne variété sont élaborés indépendamment des sols, de la faune et des cadres sociaux dans lesquels elle sera employée, l'usage massif d'intrants techniques (eau, engrais, herbicides, insecticides et autres) permettant de s'affranchir des conditions locales pensées comme non essentielles. Autrement dit, il faut concevoir une plante de façon technique, comme on fait au Nord, une plante destinée à une monoculture, qu'il faudra ensuite simplement déplacer. Il est certain que les rendements ont souvent crû de façon specta-

---

67. Osorio (2002).

68. *Cahiers des Sciences Humaines* (ORSTOM Éditions), n° 27 (1991) et 30 (1994) ; ajouter Madeley (2002).

69. Je n'indique ici qu'une logique techno-scientifique et non les logiques géopolitiques par exemple. Sur celles-ci voir l'excellent livre de Perkins (1997).

culaire suite à ces travaux – ce qui n'implique pas des progrès concomitants dans les conditions de vie des populations locales.

À l'occasion, et pour anticiper sur des points qui seront repris ultérieurement, je noterais la marginalisation de certains savoirs du fait de cette définition réductionniste de la science. Un exemple est celui de la pédologie. Parce que le paradigme dominant est celui de la réduction au laboratoire, que la confiance est grande dans le *pushing through* expérimental et technique visant la plante elle-même – et en dépit de travaux réels menés sur le terrain et qui concernent les sols – la pédologie est restée une science très ancillaire. Dans la mesure où il s'agit de faire un travail de sélection génétique guidé par des critères généraux, de faire confiance à la chimie et à d'autres sciences de laboratoire pour maîtriser le paramètre "environnement", et que la maîtrise des sols est difficilement monnayable, sa connaissance ne peut devenir essentielle. La techno-science industrielle intervient donc massivement de l'extérieur sans prendre à bras-le-corps un cadre éco-social doté de régulations historiques patiemment construites mais qui sont impossibles à démêler dans une perspective marchande. On notera ici la bonne foi du scientifique pour qui une bonne science consiste à savoir toujours réviser aujourd'hui ce qui a été découvert la veille, mais qui oublie combien cette attitude peut avoir des effets catastrophiques pour ceux qui en subissent directement les conséquences (je pense, et il s'agit d'un exemple parmi cent, à l'imposition des labours profonds avec charrue par les agronomes français dans les colonies africaines du début du siècle et dont le seul résultat fut... une érosion massive des sols !)[70].

70. Sur ces deux paragraphes, on se reportera aux textes des sites de Marc Dufumier ou Alain Ruellan (en faisant fonctionner des moteurs de recherche comme google.fr). On lira aussi Boukhari (2002), Dufumier (1996) et Lahmar (1998). Le dernier exemple est emprunté à la thèse de Christophe Bonneuil.

De la théorie du complot

Y aurait-il donc un grand Satan, incarné par exemple par les dirigeants des grands groupes multinationaux et des organisations internationales de type FMI pointés par l'homme du sérail qu'est Stiglitz ? Oui et non. Non car l'hypothèse n'est pas juste historiquement : comme je l'ai montré, le régime que nous connaissons actuellement résulte d'intentions multiples aux conséquences systémiques imprévues – même si ceux qui militent pour le changement se rencontrent et se parlent. Est-ce à dire qu'il n'est aucune stratégie conçue d'emblée et mise en œuvre, que tout relève de la main invisible du marché ou des forces spontanées émanant du social ? Non bien sûr, et avec la même force – car il existe bel et bien des volontés globales et pensées comme telles, des intérêts fièrement défendus, des projets de transformations sociales poursuivis avec détermination. S'il convient de ne pas tomber dans la ridicule théorie du complot, il est tout aussi essentiel de ne pas se faire trop niais ou angélique. Le cynisme est souvent de ce monde et oser le dire n'est ni indécent, ni la marque d'un manque de civilité.

Deux exemples peuvent être donnés. Je songe d'abord au déroulement des négociations qui ont conduit à la création de l'OMC en 1994. Le cas est intéressant car il est certainement l'un des meilleurs candidats pour une théorie du complot – dans la mesure où tout y fut mené dans l'obscurité la plus grande, dans la non-transparence la plus systématiquement organisée qui soit (y compris vis-à-vis des grands États européens). Qu'on choisisse comme source les ONG ou des sites et documents officiels français[71] (par définition, la négociation ne fut pas publique et il n'est pas de source directe), on voit des groupes très limités de personnes (composés

71. Voir le site web du Sénat français à propos du Codex Alimentarius et des modes de travail de cette commission. Rappelons aussi l'étonnement de Jack Lang découvrant le projet d'AMI à la dernière seconde.

du personnel politique de quelques rares pays, de représentants de grandes compagnies, et des avocats de quelques cabinets d'affaires) usant de toutes les formes courantes de procédure (textes formellement très complexes et remis tardivement, réunions "informelles", décisions globales non négociables à accepter sur le mode tout ou rien, clauses secrètes – voire chantage sur les plus faibles) pour transformer de fond en comble, en un seul mouvement, un ensemble de règles internationales élaborées de longue date[72]. Je pense aussi, plus ponctuellement (miracle de la découverte lors d'une promenade sur le *web*) à un *think tank* fermé qui s'auto-désigne *British Invisibles* (!), qui est formé de Peter Sutherland, directeur à la banque Goldman Sachs et ex-directeur général de l'OMC, de Leon Brittan, ancien commissaire européen et négociateur des accords de Blair House, vice-président de la banque d'affaires UBS Warburg Dillon Read, de représentants de la Banque d'Angleterre et de dirigeants d'entreprises puissantes (Prudential Corporations, Price Waterhouse Coopers ou Morgan Stanley), et qui travaille en relation directe avec des commissaires européens. L'objectif de leurs réunions est de trouver les meilleurs moyens de libéraliser les services face à des opinions publiques réticentes et qu'il faut circonvenir. Dit un peu crûment, et selon des textes publiés par une ONG (l'Observatoire européen des entreprises), il s'agit pour eux d'imaginer la "bonne législation OMC" permettant aux gouvernants d'invoquer cette contrainte pour imposer ce qu'il serait dangereux qu'ils proposent eux-mêmes[73].

Les acteurs sont toutefois multiples et personne n'est en position de tout contrôler, ni en mesure de tout planifier ; une transformation sociale de l'ampleur de celle que nous cherchons à saisir s'appuie sur des éléments divers et il est aberrant de penser que quiconque en contrôle la dynamique.

---

72. Les sources sont ici très nombreuses (sur les sites des ONG). Deux très bons récits sont Bertrand et Kalafatides (2002) et Castel (2002).

73. Information sur le site http://www.gatswatch.org/LOTIS.

La marche s'apprend d'ailleurs en marchant, par adaptation et réaction (pensons aux aléas actuels de la mise en place du protocole de Kyoto) ; les pertes qu'on subit lors d'un nouvel arrangement n'apparaissent souvent qu'après coup, comme conséquence inattendue d'actions ayant eu d'autres objectifs (pensons aux sentiments aujourd'hui mitigés de nombreux chefs d'entreprise face au nouveau poids des marchés financiers[74]) ; certains changements (la réduction des pouvoirs des États par exemple) peuvent avoir des dimensions négatives (la dérégulation du marché du travail pour les salariés) et positives (une réduction de l'arbitraire de l'administration pour ces mêmes salariés-citoyens). Surtout, et ce sera l'objet du prochain chapitre, beaucoup d'évolutions présupposent des transformations macro-sociales dans lesquelles elles s'enracinent, des évolutions de société qui sont complexes et n'ont été voulues ou "inventées" par personne : le social dans sa composition, comme dans les consciences de soi et les valeurs des classes et des groupes sociaux qui le composent, a été bouleversé depuis, et grâce aux Trente Glorieuses – ce qui a conduit à des reconfigurations qu'aucun maître ne contrôle ni ne manipule.

Quelle mondialisation ?

J'aimerais, en conclusion, revenir sur la nature de cette mondialisation, sur ce qui la différencie, comme régime de fonctionnement, de la situation du demi-siècle précédent[75]. Le mot résume mal la mutation que nous cherchons à caractériser. Contrairement à ce qu'il semble indiquer, nous ne sommes pas passés d'un équilibre d'États-nations (évoqué au chapitre 2 de ce livre) au grand village planétaire et au marché mondial ouvert. Nous sommes (encore ?) dans un système international où, même si les échanges de marchandises et la mobilité des capitaux se sont intensifiés, les États

---

74. Voir par exemple l'article de Jean-Louis Beffa dans *Le Monde des Débats* du 13 avril 2000.

75. Voir Beck (2000), Bauman (1998) et surtout Hirst et Thompson (1999) à qui j'emprunte la thèse centrale.

et les populations qu'ils servent restent les entités premières. Les marchés financiers sont certes passés au cœur de maintes régulations, personne n'en doute, ils se sont radicalement autonomisés du contrôle politique et constituent aujourd'hui une puissance que l'histoire n'a jamais connue. Il n'en reste pas moins que cette situation est propre à cette sphère d'activités, qu'elle n'est pas généralisable. Plus précisément, et pour marquer les continuités et ruptures avec le mode dominant des Trente Glorieuses, je dirais que l'État reste central pour les grandes puissances et les pays émergents qui ont réussi (du type Corée du Sud ou Singapour), mais pas pour les autres, où les agences du type FMI ont agi pour leur affaiblissement[76]. L'État reste central parce qu'il constitue une ressource majeure pour l'appropriation des richesses et la défense d'entreprises industrielles ou financières qui restent largement localisées dans leurs intérêts de base, il reste central parce qu'il contribue activement à la gestion des infrastructures, à la bonne marche du social, au maintien de solidarités minimales, à l'éducation et à la formation de populations qui restent et resteront massivement immobiles et liées à des espaces et des territoires, quels que soient les discours sur le village global et la mobilité. Je dirais enfin que l'État reste central car la puissance militaire demeure la clé des relations internationales, que l'intérêt national bien compris ne s'est pas réduit le moins du monde par rapport aux Trente Glorieuses et à la guerre froide. On ne retourne donc en rien au libéralisme a-étatique des libéraux du XIXe siècle, malgré les discours ordinaires sur ces questions.

Si des exemples étaient nécessaires en ce début de XXIe siècle, on pourrait mentionner, pour les États-Unis (et hormis la guerre, non encore engagée au moment où j'écris ces lignes), la reprise des pratiques protectionnistes dans la sidérurgie, le vote d'une aide de 180 milliards de dollars sur six

76. Voir par exemple le numéro spécial de *Politique Africaine*, n° 73, mars 1999.

ans pour l'agriculture, l'augmentation des crédits militaires de 12% pour 2003 (la plus forte hausse depuis 20 ans), l'acceptation d'un déficit public de 159 milliards de dollars (en 2002), la reprise du financement d'une grosse part de la recherche par l'État fédéral, etc.[77] Cette situation est tout aussi commune en Europe et au Japon : c'est le cas de l'État italien soutenant Fiat ; de l'État britannique répondant favorablement aux demandes de *British Energy*, le principal opérateur de centrales nucléaires au bord de la faillite ; de l'État japonais intervenant pour racheter les participations que les banques détiennent dans les entreprises cotées et sauver ainsi le système bancaire du pays – et de l'agriculture dans tous les pays à État fort. Je ne critique en rien ce soutien au monde agricole, bien au contraire ; ce dernier engage bien trop de choses liées aux territoires et aux populations pour qu'il soit laissé au pur jeu des marchés. En revanche, je critique vivement les politiques contraires que les pays du Nord protectionnistes ont imposées à ceux du Sud. De façon plus générale, on peut dire que les toutes dernières années ont vu un retour en force des États et que notre planète n'est en rien, si jamais quelqu'un l'a cru, un grand village pacifié et heureux doublé d'un marché libre et ouvert.

Ce qui a changé radicalement par rapport aux Trente Glorieuses, en revanche, est la destitution de l'État comme incarnation du bien public, comme l'instance qui incarne et encadre la "société civile", ce qui avait été l'invention la plus puissante de la période précédente. Avec la contestation de ce statut à part ou au-dessus du social tombe aussi la légitimité "naturelle" des fonctions sociales et redistributrices de l'État : on passe des droits à la charité, du devoir à l'assistance. Disparaît aussi sa légitimité "naturelle" à légiférer ou à intervenir sur le marché du travail ou dans le champ économique, comme sa légitimité à imposer les contraintes ordinaires de l'État de droit aux entreprises industrielles et

---

77. *Le Monde* du 14 janvier 2003, du 1er octobre 2002, du 31 octobre 2002.

financières : les plus grandes s'exemptent au contraire des devoirs ordinaires, comme de payer des impôts et de contribuer aux dépenses communes, même si elles font bien sûr appel à l'État lorsque la survie des intérêts supérieurs de la nation et de l'économie mondiale sont en jeu – ce qu'on a vu lors de la crise du fonds spéculatif Long Term Capital Management en 1998[78]. Comme le dit Ulrich Beck, les grandes entreprises trans-nationales ont réussi à se retirer dans *leurs États* (les paradis fiscaux de toutes sortes) et à profiter des États ordinaires des autres en leur demandant appui militaire, protection légale, aides financières ou exemptions. Ayant reconquis un pouvoir qu'elles avaient dû concéder depuis le dernier tiers du XIXe siècle, elles profitent des États et de toutes les fonctions que ceux-ci remplissent, tout en s'abstrayant des devoirs de la démocratie politique[79].

Est-ce à dire à nouveau que l'essentiel est ainsi dit des mutations qui nous concernent depuis trente ans ? Non, parce que cette globalisation/mondialisation n'a pas que des dimensions économiques et étroitement politiques. Le phénomène est plus vaste et implique la reconfiguration des idéologies et des réalités sociales. Non, parce qu'il ne faut pas donner trop de nécessité à des évolutions qui sont toujours en flux. En Europe, par exemple, l'État providence est toujours très présent et l'est sûrement plus qu'au début des années 1960 ; le "modèle" rhénan n'est atteint que depuis quelques années et le "modèle" scandinave est encore très vif. Plus précisément, si l'on prend le cas suédois, l'adaptation aux aspects dominants du nouvel ordre économique semble s'être faite de façon efficace, mais la protection sociale a été peu affectée et reste socialement plébiscitée[80].

---

78. Hirst et Thompson (1999), Collin (2001).

79. L'ampleur de ce phénomène aujourd'hui est bien indiqué dans un article de Jean-François Couvrat publié le 17 février 2003 dans un quotidien français qu'on ne peut soupçonner d'hostilité de principe au monde des affaires, *La Tribune*. L'article est intitulé "L'Europe au secours des paradis fiscaux".

80. Frachon (2002).

Il est aussi possible qu'on assiste à un renversement ou à une inflexion du *trend* idéologique après trois décennies de discours libéraux "extrêmes". Les indices pourraient en être le succès des actions "anti-mondialisation" depuis les rencontres de Seattle et de Gênes, le soutien qu'elles ont reçu dans l'opinion, le report de certaines décisions prévues par l'OMC du fait de ces actions (sur l'AMI par exemple)[81] ; ces indices pourraient être la multiplication des études (savantes) contestant l'évidence de certaines théories ou reconsidérant ce qui a été fait en vingt ans (je développerai bientôt, à titre d'exemple, le cas de la politique des brevets) ; ils pourraient être enfin les prises de position critiques de personnages clés, comme celle de Stiglitz, Prix Nobel et ancien économiste en chef de la Banque mondiale – comme le grippage boursier du début 2002, les effets sur les fonds de pension, les faillites retentissantes ou les malversations comptables dont la presse s'est fait l'écho[82].

La transformation des modes de production des savoirs aujourd'hui

Regardons maintenant plus en détail les modes d'être de la recherche scientifique et de la recherche et développement (R&D), les glissements en termes de localisation et de nature des recherches poursuivies, les effets sur les types de savoirs produits – changements qui ont été massifs dans certains pays et qui font que le panorama de la recherche est devenu méconnaissable dans les dernières décennies. Selon la manière la plus courante de raconter cette histoire – et qui nous apprend beaucoup de choses intéressantes et justes – l'affaire commence dans les États-Unis des années 1975-1985 dans un contexte de compétition internationale exacer-

---

81. Laronche (2001).

82. Pour deux points de vue, parmi d'autres, d'économistes réputés contestant l'orthodoxie des institutions internationales, voir Allais (1998) et Stiglitz (2002).

bée (fortement ressentie à l'égard du Japon) et avec l'émergence d'un capital financier préoccupé avant tout de résultats financiers à court terme (notamment sous l'influence des fonds de pension en pleine mutation, nous l'avons vu). Les responsables d'entreprises repensent alors l'organisation interne de leur système de R&D et de production. Revenant de nombreuses missions au Japon, ces *managers* insistent dorénavant sur l'importance de resserrer leurs liens au marché, de faire jouer un rôle plus direct d'innovation à la recherche qu'ils financent, de réduire drastiquement la taille des unités de recherche fondamentale installées depuis souvent cinquante ou soixante-dix ans dans leurs entreprises et qui avaient fait (c'est ainsi qu'on raconte toujours l'histoire) la puissance de l'industrie et du complexe militaire américains. Pour utiliser le vocabulaire indigène, il s'agissait de réaffirmer la prééminence du *market pull* sur le *technology push* – une évolution parfaitement documentée dans le livre de Buderi, *Engines of Tomorrow*[83].

C'est du moins ainsi qu'une partie des choses commencent. Très vite, toutefois, les réorganisations sont beaucoup plus profondes et s'étendent à tous les espaces de production de sciences et de techniques, des universités aux entreprises. Elles se marquent par l'apparition de nouveaux prétendants, une imbrication plus organique entre eux et le marché, notamment le marché financier, mais aussi par un changement fondamental des règles du jeu, changement qu'on a fait délibérément advenir en assouplissant les règles séculaires de propriété intellectuelle. Les universités et les grands laboratoires industriels typiques des années 1870-1970 restent bien sûr importants, mais ils se sont métamorphosés dans leurs manières de travailler et de collaborer : ils sont maintenant complétés par une myriade de firmes innovantes, d'institutions pourvoyeuses de capital-risque, de structures de partenariat entre intérêts privés, fondations et laboratoires publics – le tout opérant dans un climat de néo-libéralisme

---

83. Buderi (2000).

entreprenant. On peut préciser cette modification du lien entre science, État et marchés en soulignant six points :

(1) La transformation la plus profonde a trait à la propriété intellectuelle. Dans les premières années 1980, les conditions d'éligibilité pour le dépôt de brevets ont été élargies dans des proportions radicalement neuves (le mouvement est continu depuis). Des droits de propriété ont été accordés sur des recherches de plus en plus fondamentales et en amont de l'innovation proprement dite, dans des domaines considérés jusqu'alors comme relevant des savoirs publics et de la publication dans les grandes revues scientifiques. Les contraintes d'utilité et d'usage justifiant du dépôt d'un brevet ont été rendues très lâches – le résultat en étant une extension des possibilités de contrôle marchand sur les savoirs scientifiques. Cela est bien sûr vrai, et commence, dans le domaine des biotechnologies : brevetage accepté d'une bactérie conçue en laboratoire en 1980, d'une souris génétiquement modifiée en 1988 – et ce jusqu'au brevetage de séquences d'ADN à utilités potentielles très floues – mais cela s'étend très vite à de nombreux domaines, des logiciels aux banques de données électroniques, des algorithmes mathématiques aux méthodes de management. Cette modification de la législation des brevets a été décisive sur la définition du scientifique comme être social, sur ce que sont les relations entre producteurs de savoirs, marché et droit de propriété, sur la dynamique de production des connaissances, devenue moins "fluide" que précédemment – en bref sur ce qu'est et doit être l'institution Science dans son rapport différencié au collectif et à l'appropriation privée[84].

De nombreux juristes américains parlent à ce propos d'un nouveau mouvement d'*enclosure* ; ils veulent signifier par là que cette législation est radicale et qu'elle permet une priva-

---

84. Pour une introduction générale historique concernant l'évolution des questions de propriété industrielle jusqu'à nos jours, voir Kevles (2002) et Bugos et Kevles (1992). Voir aussi Boyle (2002) et Hesse (2002) dans le numéro spécial de *Daedalus* du printemps 2002.

tisation du "bien commun des esprits" (la science publique) qui répond, à plusieurs siècles de distance, à celle du bien commun qu'était la possession de la terre dans l'Angleterre du début de l'époque moderne. Le mouvement d'*enclosure* britannique a conduit à une redistribution massive des richesses (il a produit des effets dévastateurs pour de larges segments de la population) mais a été justifié par l'expansion considérable des possibilités productives globales qu'il a permis. L'extension de la propriété a incité aux investissements de la part des nouveaux possédants et a réduit la surexploitation chronique de la terre, dont personne n'avait la "responsabilité". Les questions sont alors de savoir si la même dynamique va se vérifier aujourd'hui dans ce domaine très différent qu'est celui de la propriété intellectuelle (trop de savoirs laissés collectivement en jachère...) et ce qu'en seront les coûts pour les perdants, qu'ils soient les scientifiques, une part du social ou la société toute entière[85].

(2) Cette modification des règles de la propriété intellectuelle correspond initialement à une volonté politique que nous avons déjà évoquée : l'analyse dominante aux États-Unis est alors que le pays est trop généreux avec ses savoirs fondamentaux et que d'autres en profitent (le Japon bien sûr) en privilégiant les études de développement et la prise de brevets[86]. D'où l'idée, en ce début des années 1980, d'autoriser la prise de brevets sur des savoirs plus "fondamentaux" permettant de maintenir aux États-Unis mêmes ces savoirs décisifs à l'innovation et produits localement. La nouveauté ne s'arrête toutefois pas là. Dans un article publié

---

85. Boyle (2002).

86. On peut noter ici qu'un épisode parfaitement similaire s'est déroulé en matière d'électronique des transistors et de l'état solide à l'extrême fin des années 1950, l'Europe étant cette fois visée. Les échanges de licences et de savoir-faire étaient réguliers entre les grandes compagnies américaines et européennes en matière d'électronique des tubes (triodes, etc.) jusqu'aux années 1950. Devant un sentiment justifié de rattrapage de ces dernières, et profitant du passage à l'industrialisation des transistors, ces systèmes d'échanges furent interrompus par les sociétés américaines disposant alors d'avantages certains sur leurs sœurs européennes du fait des recherches et des commandes militaires.

récemment, Benjamin Coriat et Fabienne Orsi soulignent un second groupe de modifications radicales des règles du jeu, parfaitement contemporaines de la précédente et des réorganisations globales qui affectent alors les marchés financiers. Il s'agit de modifications réglementaires qui visent à "encourager l'entrée du capital-risque dans les nouvelles firmes de haute technologie construites sur le secteur de la recherche". Ces modifications ont deux aspects, l'une autorisant les fonds de pension à investir dans les sociétés de capital-risque cotées au Nasdaq, l'autre contribuant à transformer le Nasdaq lui-même en bourse spécialisée dans les firmes innovantes[87].

(3) Ces deux premières modifications des règles du jeu dans l'univers de la production des connaissances se sont doublées d'une troisième. Elle implique l'université américaine (et dans une moindre mesure l'université britannique) en ceci qu'elles sont devenues des acteurs directs du développement industriel, qu'elles abandonnent de plus en plus leur nature de pourvoyeuses de "science ouverte" (pour reprendre l'expression des économistes signifiant que les savoirs universitaires sont des biens publics[88]), qu'elles participent activement à la prise de brevets comme à des accords de licence exclusive de leurs résultats avec les acteurs économiques qu'elles se choisissent. Aux États-Unis, la racine de ce mouvement est l'ensemble législatif dénommé communément Bayh Dole Act en référence à une décision majeure prise en 1980 et qui autorise les universités à breveter leurs travaux et ceux produits à partir de fonds publics. Ce mouvement se développe dans la même période que la modification de la politique des brevets et repose sur les mêmes justifications et enthousiasmes "néo-libéraux" (privatiser est la garantie d'une meilleure efficacité). Il conduit à une dynamique très différente dans la production des savoirs (les avocats deviennent des personnages centraux des sciences et

---

87. Coriat et Orsi (2002).

88. Parmi d'autres, voir David, Foray et Steinmueller (1998).

du personnel universitaire) et à des conflits d'intérêts, inconnus il y a trente ans, entre les différents participants de l'entreprise Science. L'essentiel des savoirs et savoir-faire étant protégés, toute action demandant une combinaison de ceux-ci exige la rédaction de nombreux contrats répartissant les bénéfices qui découleront de la recherche envisagée[89].

Un aspect complémentaire du précédent et qui concerne aussi la transformation de l'université américaine, est la pénétration de nombreuses universités de renom, comme le MIT par exemple, par de grands groupes industriels y investissant d'importantes sommes d'argent en échange de privilèges pour l'acquisition des savoirs et savoir-faire produits localement. D'assez nombreux industriels ont investi les laboratoires universitaires (ou en ont créé de tout nouveaux très bien dotés) depuis la fin des années 1980. Incitées à se rénover – entendez à se lier au monde des affaires et notamment à accepter ces offres et les contraintes de partenariat qu'elles impliquent – beaucoup d'universités ont ainsi changé leurs règles d'action et, ce faisant, une grande part de leur nature[90].

(4) Symétriquement, les deux dernières décennies ont vu de nombreuses entreprises abandonner une part de leurs investissements en interne dans la recherche de base. Plus précisément, il s'est agi de placer ces recherches en position de dépendance plus directe vis-à-vis des divisions de développement et de réduire leur autonomie exécutive. L'exemple emblématique est celui d'ATT et des laboratoires Bell qui ont abandonné une tradition de recherche "fondamentale" née au début du siècle. Le "modèle japonais", que l'on conceptualise alors comme centré sur l'innovation industrielle et non sur "la science", comme la nécessité de rentabilités plus immédiates, a conduit à abandonner un modèle de dé-

89. Eisenberg et Nelson (2002).

90. Buderi (2000). On peut suivre ce type d'évolution en lisant des revues comme *Technology Review*, ou le magazine de l'innovation du MIT.

veloppement antérieur moins contraint par le court terme. Le phénomène n'est pas limité aux télécommunications et s'étend à d'autres mythes du siècle comme IBM, Kodak ou General Electric. Parallèlement, les financements publics pour la R&D sont plutôt stationnaires ou en baisse dans les années 1980 et une part des années 1990, une tendance impulsée elle aussi par les élans militants du libéralisme, mais qui est largement inversée aujourd'hui.

Un corollaire du désinvestissement précédent, même s'il a des racines plus nombreuses, est qu'un véritable marché de la sous-traitance pour les savoirs et la recherche s'est mis en place. Le nombre d'entreprises nouvelles créées à partir de la mise au point en laboratoire d'une technique, d'un procédé ou d'un type de produit à haute valeur scientifique a crû considérablement (c'est notamment vrai dans les biotechnologies et l'électronique de connexion) et le nombre de consultants scientifiques intervenant ponctuellement comme *problem solvers* ou proposant des services spécialisés aux autres acteurs économiques est en nette croissance. Fin de guerre froide et enthousiasme dérégulateur des politiques obligeant, tous les acteurs ont modifié, et parfois de façon radicale, leurs stratégies, leurs modes d'intervention et leurs alliances. En ce sens, on peut dire que l'économie de la recherche est en mutation importante. Elle occupe un espace plus grand, elle s'est transformée dans ses équilibres et elle a colonisé des espaces antérieurement moins dépendants d'elle. Dans ce processus, la nature même de ce qu'est "un savoir" s'est trouvée profondément reconfigurée[91].

(5) Hors du lien direct à la production, au laboratoire et aux modes privés d'appropriation, il nous faut aussi parler d'un nouveau mode de pratique scientifique devenu central pour l'appréhension des phénomènes globaux – celui des grandes modélisations qui servent de base à la caractérisation des phénomènes affectant la planète dans son ensemble. Un

91. Sur ces points, voir Dasgupta et David (1994), où l'on trouvera une abondante bibliographie.

autre ensemble majeur de nouveautés dans les sciences des dernières décennies est en effet constitué des gigantesques moyens de calcul dont nous disposons aujourd'hui, des outils mathématiques qui se sont développés à leur contact, comme des techniques de mesure, détection et cartographie satellitaires fournissant les "données" de base entrant dans les programmes. Principiellement, la nouveauté est antécédente aux trois dernières décennies puisque ce type de modélisation et d'outils techniques ont été mis au point dans et pour la guerre froide (simulation de la bombe H aux États-Unis à la fin des années 1940, premiers modèles météorologiques à la même époque). Les sauts d'échelle ont toutefois conduit à des changements qualitatifs et les produits d'aujourd'hui permettent un tout autre type de maîtrise qu'il y a dix ou vingt ans. Le cas le plus connu est certainement celui de la simulation du climat et de la modélisation des changements climatiques, dont l'intérêt est qu'elles sont d'emblée scientifiques, politiques et réglementaires puisqu'elles contiennent, qu'elles incluent dans leurs programmes mêmes les effets de nos activités sur ces évolutions, et une estimation des conséquences qu'auraient divers choix politiques sur ces effets. Ces gigantesques programmes offrent une manière d'appréhender le complexe humain/nature qui est sans contrepoids (à savoir que ces modélisations créent le problème et ses solutions et qu'il n'existe pas d'autre moyen d'en juger) ; ils conduisent à dire ce qu'est le réel, à le définir (il existe un effet de serre et on peut le maîtriser à certains coûts, disent ces représentations), ainsi que les décisions et choix politiques qui s'offrent à nous. Bien évidemment, le champ politique en est radicalement affecté.

(6) Enfin, il n'y a pas une onde de changement qui glisserait partout à la même allure, il n'y a pas un front d'évolution bien défini résumé par ce qui précède et qui s'appliquerait à tout l'univers des sciences et de l'industrie. Les différences sont grandes de domaine à domaine, et les modes de relations diffèrent de secteur industriel à secteur industriel ; elles diffèrent aussi, nous le savons bien, de pays à pays (le phé-

nomène est moins net en Europe continentale qu'aux États-Unis). Les innovations continuent par exemple à avoir des origines essentiellement incrémentales dans le secteur des biens d'équipement ou de l'aéronautique alors que les industries pharmaceutiques ou celles liées aux technologies de l'information et de la communication, qui emploient la plus forte proportion d'universitaires, sont liées à la recherche académique par des canaux multiples ; elles ont parfois d'importants secteurs de recherche fondamentale en interne – même si, dorénavant, elles brevètent l'essentiel de leurs travaux ou les utilisent comme moyens de négociation pour obtenir d'autres résultats ou données privées[92].

Vers de nouvelles sociétés de la connaissance ?

Revenons à une thématique souvent développée et selon laquelle, quels que soient les antécédents, nous vivrions aujourd'hui un moment historique de rupture, puisque la connaissance et les savoirs sont désormais et en eux-mêmes au cœur de la création de valeur et de richesse, que le régime de mise en œuvre des savoirs a radicalement changé – que nous sommes maintenant dans des économies de la connaissance. La thèse repose sur des arguments forts. Il est d'abord des ruptures majeures en matière techno-scientifique, dans la compréhension théorique des processus et la nature des capacités d'action technique qui en découlent – par exemple du fait de la molécularisation instrumentale de la biologie. Cela concerne la conception et le *design* de molécules pour la pharmacie, la génomique pour la compréhension de la maladie et la pratique de la médecine. Ces nouveaux modes d'action ont la capacité d'invalider très vite les logiques antérieures, de les rendre obsolètes, de les ramener à un travail amateur fait en aveugle et procédant par essais et erreurs ; ils les remplacent par l'idée de réparation vraiment radicale (la nouvelle science agit sur le matériel génétique lui-même), par l'idée de repenser/réagencer la vie elle-

92. Pavitt (1997).

même (clonage de différentes formes). Les changements sont aussi dans la production industrielle, le travail de conception et de "*design*" des objets, l'organisation du travail, la gestion ou la logistique – du fait des technologies de l'information et de la communication ; les changements sont encore dans la gestion des marchés financiers et l'invention constante de produits à base de mathématiques et de méthodes de calcul transformant le métier de la finance ; les changements sont finalement globaux (et non locaux) : ils atteignent toutes les relations humaines et font des savoirs de chacun des contributions productives directes.

Il y a là quelque chose de très intéressant. J'y vois toutefois deux problèmes. Le premier est que cette description tend à faire perdre de vue que les sentiments furent souvent du même ordre dans les périodes antérieures (le sentiment de radicalité du changement est en fait une expérience très courante). Il est certain que les acteurs des Trente Glorieuses ont, avec la même ferveur, décrit la transformation radicale que connaissaient les savoirs, le fait qu'advenait, de leur temps, une forme directement productive de mise en œuvre des connaissances – ce qui n'était pas faux. C'est ainsi que les scientifiques des années 1940 et 1950 ont décrit leur monde, c'est ainsi que les pionniers de la RanD Corporation se pensaient (il s'agit du principal *think tank* de l'armée de l'air américaine, créé dès 1946, et fort de centaines d'experts scientifiques) d'où la difficulté à parler sans hésitation de la dernière évolution comme la seule ou la *vraie*. Plus fondamentalement, et c'est mon second problème, comprendre ce qui advient aujourd'hui ne consiste pas d'abord à dire le progrès de sciences conduisant à une accélération/modification des modes de l'innovation. Le savoir et la connaissance ne sont au cœur de notre monde que "médiés" par une existence sociale ; ce n'est pas le savoir en lui-même qui transforme notre monde mais un savoir pris dans des formes d'appropriation et de mise en valeur bien particulières. Ce qui est neuf aujourd'hui relève peut-être d'une certaine efficacité propre des savoirs, mais relève surtout de l'invention d'un nouveau *mode de mobilisation* de ces savoirs dans un ordre économique et politique différent. Ces savoirs très en amont nous apparaissent comme directement "productifs" non seulement car ils ont une efficacité directe (cela existait déjà avec les lasers et la physique atomique dans les années 1950) mais surtout car les régulations qui entourent leur mise en œuvre ont changé. Parce que l'on a modifié les règles de propriété intellectuelle et ouvert une capacité d'action nouvelle à certains types de capitaux, on a fait que le savoir le plus abstrait devienne un facteur *financièrement visible et direct de production*. La science est aujourd'hui au centre de tout – non qu'elle l'ait beaucoup moins été dans l'électronique des années 1960 et 1970, mais elle l'est visiblement plus puisque l'ordre social et économique en fait maintenant une marchandise, la marchandise à contrôler pour réussir[93].

Restent beaucoup de questions qu'on peut classer en différentes rubriques. D'abord nous manquons d'ordres de grandeur concernant les grands déplacements financiers et la fréquence de ces "nouveaux modes de production des savoirs" hors des États-Unis, par exemple en France. Dans les universités françaises, la pratique des "thèses sous embargo" n'est plus exceptionnelle mais aucune donnée n'existe. Ces pratiques semblent éminemment secrètes et contrôlées jalousement par les présidences d'universités, seules habilitées à accorder ces statuts "dérogatoires" ; dans au moins un cas, celui d'une importante université de province, le chiffre d'un tiers des thèses de chimie nous a été donné comme étant sous embargo en 2001-2002 (c'est-à-dire qu'on n'en connaît pas même le titre, que le texte est propriété privée de celui qui finance, et que la soutenance se déroule sans public), le chiffre étant de 90% pour les DESS.

Il n'est pas ensuite très facile de se faire une idée des équilibres nouveaux qui s'instaurent dans les divers secteurs du savoir et de l'industrie – si des équilibres sont actuel-

93 . Sur les économies de la connaissance, Foray (2000).

lement atteints. On peut en effet penser que, si la phase militante vers toujours plus de libéralisme est en partie derrière nous, les acteurs continuent de s'adapter les uns aux autres et à des situations globales dans lesquelles les idéologies continuent d'évoluer et le pragmatisme de reprendre ses droits. J'ajouterai pour finir la question des différenciations à faire par secteurs (pharmacie et biotechnologies, chimie et matériaux, électronique et télécommunications, informatique, etc.) comme celle des différences entre régions du monde. Le cas français présente certainement des spécificités fortes, à analyser, les explications toutes faites sur les rigidités et autres retards à la libéralisation étant à regarder avec une toute particulière méfiance (les discours idéologiques sont ici omniprésents).

Des effets pervers du mouvement récent vers une privatisation accélérée des sciences

Par ailleurs, qu'en est-il des effets intellectuels de ces reconfigurations, quelles sont les incidences de ces transformations sur les programmes de recherche poursuivis, sur les recherches qui sont entreprises et sur celles qui sont oubliées, sur la dynamique d'ensemble de l'entreprise de connaissance ? Ces nouveaux arrangements entre universités et marchés, savants et entreprises, entreprises et attentes financières des actionnaires, induisent-ils, favorisent-ils, modèlent-ils des formes de travail intellectuel et des types de connaissances particulières ? La question vaut d'être posée car il fait peu de doute que le terreau institutionnel et social sur lequel s'épanouissent les savoirs est essentiel pour en comprendre les caractères. Cela conduit aux appréciations que nous pouvons être amenés à porter sur les évolutions en cours, sur ce qui engendrera des effets bénéfiques ou aura des conséquences dommageables, par exemple à un niveau macro-économique, ou dans les régulations sociales. Savoir que nous serons très certainement amenés à porter des jugements de ce type tient au fait que la chose est affaire de choix, qu'il n'y pas de fatalité dans la manière dont une société organise et conçoit la production de ses connaissances. Pour certains, ce nouvel agencement a comme conséquence, à l'échelle macro-sociale, une marginalisation des préoccupations de long terme, une réduction des recherches hétérodoxes et "gratuites", une focalisation et une concentration sur les domaines "monnayables' – et donc l'oubli de champs d'étude. Cela semble acquis en matière médicale pour les maladies "non rentables" ou propres aux pays du Sud, ou pour l'étude des effets macro-sociaux et environnementaux de certaines technologies du vivant (en matière agricole par exemple). En bref, un intérêt exclusif pour des recherches pouvant donner lieu à des dividendes financiers peut conduire à la marginalisation d'études visant des intérêts collectifs éventuellement menacés par les premières[94].

De même, le débat est aujourd'hui très vif, aux États-Unis, sur les effets de la nouvelle législation sur les brevets et l'évolution de la jurisprudence en la matière (une vingtaine d'années d'expérience permet de tirer quelques leçons). Le cadre de réflexion accepté par la plupart des "commentateurs" américains, et qui fonde l'idée même de propriété intellectuelle, est le suivant : l'attribution d'un brevet vise à favoriser l'innovation en récompensant l'inventeur ; le brevet ne doit toutefois pas devenir une rente empêchant le progrès global (un brevet trop restrictif ou protégeant une invention trop longtemps peut empêcher d'autres innovations, ce qui n'est pas souhaitable pour la collectivité). Un équilibre doit donc être maintenu entre un légitime retour sur investissement pour l'inventeur, et la protection de l'intérêt général qui plaide pour une diffusion rapide des connaissances. Dans le cas actuel, la question est de savoir si la nouvelle législation encourage efficacement le développement des ressources ou non. Beaucoup défendent que, si le nouvel équilibre privé/public a accéléré le développement des connaissances, il se pourrait que le balancier soit allé trop loin. La prise de brevets sur le résultat de recherches très en amont par rapport au développement de produits,

94. Lawrence (1997).

comme les contrats maintenant passés de façon régulière entre les universités et des industriels sur les travaux accomplis par les premières ou sur les usages qu'elles font des matériels des seconds, ralentit le processus d'innovation, renchérit le coût de la recherche de base et réduit le nombre des contributeurs potentiels. En ce sens elle conduit à freiner la recherche et l'innovation globale – ce que semblent avoir reconnu plusieurs grandes compagnies (de la pharmacie notamment) qui se plaignent des brevets pris sur des fragments de gènes et ont donc rendu gratuit l'accès à nombre de leurs résultats concernant le séquençage du génome. Ainsi, les instituts nationaux d'hygiène ont joué largement contre l'esprit du Bayh Dole Act lors du séquençage du génome, leur choix de créer de larges banques de données publiques ayant conduit ceux qui avaient fait le choix de banques payantes à offrir leurs résultats à des coûts beaucoup plus bas. Et dans le même registre, on peut évoquer le sentiment d'un certain nombre de gestionnaires de la science des universités américaines qui pensent que la dépendance vis-à-vis des firmes agit à l'encontre de ce qui les a amenés à se lier à elles, à savoir intensifier le processus innovatif[95].

On peut anticiper sur le chapitre suivant en étendant le questionnement encore un peu. Certains contestent la nouvelle *doxa* qui veut qu'il soit préférable de privatiser au maximum dans la mesure où ce qui ne l'est pas s'avère moins efficace. Prenant appui sur l'expérience Linux, un type de logiciel non breveté, appropriable par tous, auquel chacun peut contribuer librement et qui continue de se développer efficacement, James Boyle parle d'un système social qui mérite d'être encouragé et défendu car menacé, dans son droit même à l'existence, par la logique du marché. Les stratégies des firmes vivant de la vente de logiciels à l'encontre de ce secteur "libre" sont multiples ; fondamentalement, elles consistent à constituer des points de passage privés obligatoires pour le futur en prenant certains brevets

95. Posner (2002), Eisenberg et Nelson (2002). Sur les débats des années 1970 et 1980 sur ces questions, voir Bugos et Kevles (1992).

et en militant pour une politique de propriété intellectuelle qui soit encore plus en amont de l'innovation classiquement conçue (et autorise par exemple la prise de droits sur des algorithmes mathématiques de plus en plus généraux). James Boyle (et d'autres) militent donc pour qu'on n'abandonne pas l'idée que la gratuité puisse être une valeur positive, qu'*existent* un domaine public et des intérêts communs, que les dynamiques associatives et volontaires peuvent être parfaitement efficaces d'un point de vue économique, et que ces manières de faire méritent protection. Dans un registre parallèle, Carla Hesse se demande si la prise de brevets est toujours moralement acceptable, lorsqu'elle limite, par exemple, l'accès aux médicaments concernant le sida en Afrique, lorsqu'elle concerne les cellules souches ou lorsqu'il s'agit de produits dérivés des pratiques néo-coloniales de l'ethno-botanique[96].

Libéralisme, privatisation des sciences et État

Il est donc extrêmement important de ne pas trop forcer le trait sur les tendances dominantes (l'information en ces matières est souvent difficilement séparable de la "propagande" et du *wishful thinking*), de savoir que des retours en arrière sont possibles (voire que certains sont en cours), retours voulus par des opposants historiques à la privatisation des savoirs mais aussi par certains des initiateurs de ces projets et qui en notent des effets selon eux pervers. J'aimerais donc ajouter trois remarques visant à modérer l'impression d'une révolution totale et achevée, inéluctable et définitive, impression qu'on a trop souvent à la lecture de la littérature sur ces sujets.

D'abord, pour revenir sur la question de la tension entre une logique de développement basée sur des projets de court terme et des différenciations de produits d'une part, et une logique plus autonome de recherche et de R&D au labora-

---

96. Boyle (2002) et Hesse (2002). Sur les questions éthiques, non abordées dans ce texte, on lira l'introduction aux philosophies de l'environnement de Larrère (1997) et, concernant le brevetage des gènes humains, Berkowitz et Kevles (2002).

toire de l'autre (c'est-à-dire la tension entre *market pull* et *technology push*), il se pourrait que ce que nous avons connu dans les années 1980 et le début des années 1990 aux États-Unis soit un peu une affaire de *business as usual*, un mouvement cyclique dont l'histoire nous offre de nombreux exemples – et qui visait entre autres à restaurer ce qui était vécu aux États-Unis comme une perte de compétitivité du pays. On peut penser, pour s'en convaincre, à l'industrie chimique allemande d'avant 1914 qui a connu une alternance de phases où primait l'offre techno-scientifique et de phases où étaient élaborés des schémas visant à mieux intégrer recherche et demande des clients[97]. En ce sens, il ne faut peut-être pas être trop catégorique dans les jugements que nous portons sur des évolutions qui restent très proches de nous et vis-à-vis desquelles nous manquons de recul.

Second point, un mouvement dans la direction opposée – réaffirmant la nécessité d'investissements de long terme, d'un rôle spécifique à redonner à la puissance publique, d'un découplage minimal à réinstaurer entre recherche publique et recherche privée – est en cours depuis la fin des années 1990. La tenue au MIT en 1998 du National Innovation Summit, en présence du vice-président Al Gore lui-même, en est un indice, un mouvement amplifié par l'arrivée au pouvoir de l'administration républicaine en 2000. Ceci n'est paradoxal que pour ceux qui oublient que les tenants de la libéralisation radicale n'en restent pas moins, et avant tout, des pragmatiques inscrits dans une pensée du développement et de la puissance nationales[98]. En bref, l'écart entre les discours officiels sur les bienfaits de la libéralisation et les pratiques effectives *impulsées par l'État* s'amplifie aux États-Unis : la dépense publique de recherche et de développement atteindra 103 milliards de dollars en 2001, en hausse de 13,5%, un niveau sans précédent depuis vingt ans. Finalement, je noterai que les agences publiques

---

97. Johnson (1990) et Travis (1993).

98. Buderi (2000), 124-125.

ont joué un rôle décisif, dans les années 1980 et 1990, dans la constitution de réseaux d'alliances entre entreprises, aux États-Unis comme en Europe, en vue de collectiviser les risques et la part la plus fondamentale de la recherche. En ce sens, le rôle régulateur des États n'a jamais disparu et leur intervention est à nouveau demandée avec insistance, ralentissement ou concurrence économiques obligent.

Il convient donc d'être prudent, de ne pas essentialiser les changements intervenus entre 1975 et 1995, et de ne pas leur attribuer seulement des significations positives. Comme Dominique Foray l'a remarqué[99], ce type d'économie basée sur la connaissance "ne conduit pas automatiquement à un système d'échanges et de coopération ouvert" – ce qui ne surprendra pas puisqu'il a historiquement visé à accroître le contrôle sur des marchés. Au niveau global, le résultat net de ces batailles pour une appropriation plus large des résultats de la science a été un accroissement des pratiques de secret et une tendance à la constitution de monopoles nouveaux sur certains produits et certaines recherches – ce qui mérite discussion. Un dernier exemple, que j'emprunte à Maurice Cassier et Jean-Paul Gaudillière, et qui porte sur la génétique du cancer du sein et son contrôle, va me permettre d'aller au cœur de cette question et de conclure[100].

Dans le champ qu'ils considèrent, les auteurs identifient d'abord différentes manières de concevoir et pratiquer la R&D, chacune ayant ses règles et valeurs propres, et non un mode nouveau et unique dominant progressivement tous les autres. Ce fait est important, non seulement parce qu'il montre que les débats et enjeux sont simultanément techniques, organisationnels et politiques, mais surtout parce qu'il met en évidence ce que les autres discours cachent – à savoir *qu'il existe des alternatives* relevant de choix libres.

Le premier mode que Cassier et Gaudillière identifient est organisé autour du personnage maintenant emblématique du

---

99. Foray et Lundvall (1997).

100. Gaudillière et Cassier (1998), Cassier et Gaudillière (2000).

scientifique-inventeur ayant construit son entreprise à l'abri des nouvelles règles américaines de brevetabilité et dans la lignée de soins médicaux devant être pris en charge par les compagnies d'assurances privées. Pour eux, les meilleures solutions sociales-et-médicales ne peuvent qu'émerger d'opérations commercialement viables menées sur un marché libre de toute intervention collective – la société Myriad Genetics constituant l'idéal type à reproduire. D'autres modes de recherche, efficaces eux aussi, existent toutefois. L'un d'eux, selon Cassier et Gaudillière, repose sur des associations étroites entre recherche publique et associations de patients (comme dans le cas de Marie-Claire King, à l'université de Californie, qui a identifié en 1990 le premier gène associé à une prédisposition de cancer du sein), ou sur les pratiques hospitalières ancrées sur la clinique dans le cadre d'un système de sécurité sociale publique, comme en France. Ces différents modes d'action supposent différents réseaux d'acteurs et de collaboration, des hiérarchies différentes entre eux, d'autres définitions du bien commun – et bien sûr des conflits explicites d'intérêts : la Cancer Research Campaign a ainsi choisi de prendre des brevets sur les travaux qu'elle a financés afin de préserver leur accessibilité publique contre des entreprises comme Myriad Genetics.

Plus généralement, ces groupes se battent pour un retour en arrière de la législation sur les brevets et questionnent la légitimité de brevets trop vastes permettant à des monopoles de se constituer en matière de santé publique. Ils contestent aussi la pertinence sociale et médicale de certains des tests mis en œuvre par les start-ups du secteur, ainsi que les usages désastreux qu'ils génèrent (les sociétés d'assurance sont intéressées par ces résultats de prédisposition). Se mettent donc en place de grandes coalitions construites pour favoriser certaines solutions au détriment d'autres, ce qui n'est pas très surprenant mais souvent occulté au profit d'un discours technophile faisant passer des choix particuliers et intéressés pour le progrès incarné. Ainsi voit-on la plupart des compagnies de biotechnologies s'opposer à toute intervention de la Food and Drug Administration en matière de régulation, tandis que la National Breast Cancer Coalition, qui est une association de femmes souhaitant agir comme l'ont fait les activistes *gay* à propos du SIDA, de nombreux universitaires et spécialistes de santé publique – mais aussi, comme nous l'avons indiqué, certaines très grandes entreprises pharmaceutiques pour des raisons qui leur sont propres – s'y déclarent favorables. Il n'est donc pas d'évolution nécessaire et unique en ces matières, ce qui advient n'advient pas *naturellement*, il n'est pas de supériorité intrinsèque d'un modèle de développement sur un autre, la nature du problème étant d'abord politique, au sens noble du terme[101].

Conclusion

En conclusion, je souhaiterais proposer une hypothèse globale de lecture des évolutions que nous connaissons quant aux régimes de production des savoirs aujourd'hui – ou plutôt de la *tendance* principale qui y est à l'œuvre. Contrairement à la proposition opposant un mode 1 de "science pure" à un mode 2 de "science en contexte", je préfère dire qu'on tend à passer d'un régime de production combinant deux systèmes en relatif équilibre, l'un de science ouverte et l'autre de science privée, à un régime qui cherche à faire du premier le seul servant du second, même s'il n'a pas encore (?) réussi[102].

Historiquement, la science ouverte et la science privée existent en parallèle et en interaction, nous l'avons vu – un régime d'équilibre particulier ayant vu le jour de la fin du XIXe siècle aux années 1970 dans le cadre d'un compromis social limitant le pouvoir exclusif du marché. La Science, en tant que science ouverte, a des origines multiples, dans l'héritage

101. Voir Willis (1998), Kloppenburg (1998) et le numéro spécial de *Politics et the Life Sciences* d'août 1987.

102. Dominique Foray est celui qui est allé le plus loin dans cette thématique. Voir par exemple Foray (2001).

théologique, ou les humanités de l'époque moderne par exemple. Au XIXe siècle, son déploiement n'est pas indépendant de la montée de l'État-nation comme structure coordonnant les forces intérieures pour l'expansion économique et coloniale, de la mise en place progressive d'un État protecteur et redistributeur assurant l'unité nationale – et donc d'une idée forte du bien public. De larges pans des savoirs scientifiques sont évidemment mobilisés par l'industrie et les armées, et/ou font l'objet de brevets, mais la tendance à la privatisation des savoirs de base est contrecarrée, dans les sciences comme ailleurs, par ce compromis qui fait de l'intérêt collectif (en l'occurrence la nation) la valeur première. La montée des conflits dans les années 1930, les guerres (chaudes puis froide), ainsi que la croissance économique régulière des Trente Glorieuses, dissolvent certes radicalement les frontières entre sciences et techniques, entre savoirs et mises en œuvre pratiques, entre développement et guerre. Le tissu qui court des savoirs les plus ésotériques et abstraits à la gestion de la production et de la pensée de la guerre est alors sans couture, comme dit Thomas Hughes. L'ombre tutélaire de l'État providence et de l'État organisateur de la mobilisation reste toutefois au-dessus de tous les acteurs qui acceptent ses interventions et la cité de justice qu'il promeut. La science universitaire, les savoirs techniques, les savoirs industriels et organisationnels sont bien mobilisés, mais la coordination est le fait du grand Léviathan qui les dispose chacun à leur place, en ordre de bataille. Et ce dernier maintient l'évidence de normes transcendant toute forme d'appropriation privée : le développement économique ne peut se faire au détriment de la Nation qu'il incarne, protège et représente. Symboliquement, la Science fait partie de cet univers protégé, elle a son cœur dans des institutions dont les produits ne sont pas susceptibles d'une appropriation privée totale. Certes les Bell Laboratories produisent des savoirs souvent très "fondamentaux" essentiels à la compagnie, mais ils distribuent aussi très largement leurs résultats ; de même, Townes et d'autres, dans le département de physique de l'université

Columbia, brevètent beaucoup des éléments conduisant à la réalisation des lasers et masers dans les années 1950, mais l'essentiel de ce qui fonde leurs techniques et résultats est publié. Il en va alors de la Science, de la grandeur du monde libre – et des intérêts bien compris de tous.

C'est au changement de cet équilibre auquel nous avons assisté depuis deux ou trois décennies, beaucoup plus qu'à l'avènement de savoirs autorisant des sociétés de la connaissance. Sous l'influence directe de la révolution économique libérale, mais aussi des transformations de long terme du corps social sur lesquelles je reviendrai, le régime de production des savoirs centré sur l'université, qui s'appuie sur les institutions académiques mais aussi sur un certain contrôle social et sur les valeurs de bien public qu'elle porte traditionnellement, s'est trouvé contesté et remis en cause au profit du régime de production privé des biens techno-scientifiques, qu'ils soient intellectuels ou matériels. De moins en moins de moyens ont été disponibles pour s'opposer aux règles du marché dans l'univers de la production des savoirs, un mouvement facilité par la nature de la techno-science et de ce qu'elle produit comme biens, notamment dans les sciences du vivant et les sciences et techniques de la communication et de l'information ; mais aussi du fait des transformations politiques et sociales, des systèmes de valeurs comme des formes légales encadrant la recherche et l'innovation. La législation sur les brevets, comme la jurisprudence, ont été ici décisives : elles ont largement étendu le champ d'application du brevetable et constitué le moyen privilégié par lequel l'univers marchand en est venu à changer les équilibres antérieurs et à faire prévaloir la norme de la marchandisation comme la seule qui soit efficace. Ces évolutions font surgir de vraies et importantes questions, questions dont le corps social s'est emparé et qui demandent des réflexions de tous ordres (politiques, épistémologiques, éthiques, etc.) et l'élaboration de nouvelles règles. C'est vers ces questions, et vers les attitudes que nous pourrions adopter vis-à-vis d'elles, que je vais me tourner maintenant.

Un mot est toutefois encore nécessaire. Ce mouvement de privatisation et de dominance croissante des marchés financiers n'implique pas un recul de l'État en tant qu'acteur techno-scientifique, défenseur du nouvel ordre économique et protecteur de la nation. Il est certes en recul comme incarnation du bien public, comme État social défenseur des plus faibles ou régulateur du lien social, mais il ne l'est pas du tout comme bras (éventuellement armé) du groupe national. Le cas américain est ici paradigmatique : la solidité du nouveau régime de production des savoirs, comme le renforcement de l'hégémonie qu'y exercent les États-Unis à l'échelle planétaire, sont pleinement du ressort de l'État, de ses investissements et actes législatifs et réglementaires, comme d'une politique extérieure déterminée et de plus en plus unilatérale. Le point est à la fois trivial et essentiel. Trivial, car il faut avoir oublié les "fondamentaux" du politique, de la vie économique et des relations internationales pour être surpris par ces remarques. Essentiel, car ils ont de fait été oubliés par beaucoup – si du moins l'on en croit ce qui s'écrit et se publie.

Chapitre 4

Nouvelles réalités sociales, individualisme et société du risque

L'exemple du cancer du sein analysé par Cassier et Gaudillière me conduit à évoquer maintenant les transformations majeures que connaît le social depuis quelques décennies. En effet, les choses importantes ne se sont pas seulement passées dans l'univers de la finance et de la production, et la relation de l'ensemble de la société aux sciences a connu une mutation au moins aussi significative ; de même, les changements majeurs que nous avons connus n'ont-ils pas simplement été le fait d'acteurs transformant le monde de façon délibérée en vue de maximiser leurs intérêts bien compris, même si je pense essentiel de rappeler combien de tels acteurs ont été décisifs et organisés et combien ils ont transformé notre univers matériel, social et mental. Toutefois, il s'est aussi agi de transformations plus complexes et diffuses, advenues dans l'épaisseur du corps social ; de modifications dans l'équilibre, la composition et la conscience de soi des divers groupes qui forment nos sociétés ; de transformations des certitudes sociales dominantes, des sentiments d'identités et des valeurs ; de changements dans la définition des normes sociales et politiques, dans la définition du bien et du mal, du juste et de l'injuste ; de changements dans l'identification des problèmes auxquels nos sociétés doivent faire face, de modifications dans la hiérarchie des questions à résoudre et des moyens légitimes d'action. Le basculement a été massif, le monde est devenu méconnaissable, les points fixes des Trente Glorieuses ont été bouleversés comme le rapport de l'individu au collectif ou de la morale au politique.

Ce social assez largement recomposé dans ses formes "objectives" et "subjectives", comme on disait autrefois, énonce autrement ce qu'est le partage science/nature, ce qu'est la techno-science industrielle et ses dangers, comment il convient de la gérer, quelles valeurs méritent de présider à ses actions – en bref il définit, par ses actes et ses discours, ce qu'il pense être les bonnes pratiques et les bonnes régulations. Pour de larges segments du corps social, les sciences ne relèvent pas du seul ordre économique, mais aussi de choix politiques et éthiques, de cités de justice et de choix de société, du lien au collectif que souhaite l'individu. C'est ce régime d'existence des sciences dans la "société civile" et le politique des dernières décennies, ce sont ces nouveautés du régime actuel qui m'occuperont maintenant. Je le ferai en regardant d'abord comment le problème est appréhendé par les intellectuels, quelle image ils donnent aujourd'hui du rapport du social à la science. Je tournerai ensuite le regard vers quelques-uns des acteurs qui contribuent actuellement à modifier le mode de régulation des sciences en société ; j'essaierai d'identifier leurs manières d'agir et les changements qu'ils introduisent dans le régime d'existence du social à l'égard des sciences. Cela me conduira à une appréciation plus globale des nouveaux équilibres sociaux, des valeurs qui y dominent et des tendances fortes qui y sont à l'œuvre.

Deux grandes attitudes face à la techno-science et ses évolutions récentes

Un moyen d'aborder ce groupe de questions est de le prendre à partir d'un phénomène socialement très neuf à l'échelle historique, d'un phénomène qui n'est devenu une préoccupation (ou une inquiétude) majeure que dans les dernières décennies (avec une accélération brutale depuis cinq ou dix ans), qui est aujourd'hui omniprésent et sature le débat public, les textes gouvernementaux et le débat intellectuel – à savoir le rapport de défiance à la technoscience, le désenchantement vis-à-vis du progrès technique et de certains effets de nos modes d'être industriels, le sentiment de dépossession que certains développements récents ont fait apparaître dans la société. J'ai en tête la question des grands équilibres de la planète (effet de serre, trou d'ozone, évolutions climatiques, gestion des déchets nucléaires) ; les questions de l'environnement et de la maîtrise que nous pourrions avoir sur lui, du développement "durable" et "du principe de précaution". J'ai en tête la reproduction humaine techniquement assistée, les biotechnologies humaines et ce qui leur est lié, le clonage et les questions d'éthique ; l'introduction des organismes génétiquement modifiés dans l'agriculture et l'alimentation ; les épidémies nouvelles dont nos sociétés ont été les victimes, type SIDA ou ESB ("vache folle"), et bien d'autres "affaires" impliquant les techno-sciences industrielles et leurs modes de production et de régulation (transfusion sanguine et sang contaminé, accident de Bhopal ou de Toulouse, accident de Tchernobyl et son "traitement" par les autorités françaises, gestion des dossiers de l'amiante et de la dioxine, répétition de marées noires et de pollutions atmosphériques, etc.). Ces questions sont définies comme celles de l'avenir du système Terre (un système intrinsèquement naturel/humain/technique), celles de l'espèce et de la maîtrise que nous acquérons sur ce qui la fonde (le droit au clonage), celles des modes de décision, de contrôle et de suivi (administratif, politique, social et économique) des choix qui sont faits, mais aussi celles de la place que la recherche scientifique et l'expertise, les politiques et "la société civile" peuvent et doivent prendre dans ces questions. En bref, les questions des effets et des régulations devant entourer les productions techno-scientifiques et industrielles. Elles font l'objet d'une exigence sociale aux manifestations de plus en plus nombreuses, elles suscitent d'importants débats entre spécialistes, et sont devenues un objet majeur du politique dans la dernière décennie.

À vrai dire, les attitudes face à la techno-science industrielle et à ses effets potentiels ou avérés ne se présentent pas d'un bloc. Elles vont de craintes systématiques à l'acceptation enthousiaste de certaines possibilités et à la remise en cause de ses modes de gestion. Je commencerai par évoquer deux grands ensembles d'attitudes ayant (eu) beaucoup de résonance. La première attitude insiste sur la techno-science industrielle comme désastre annoncé ; elle peut être identifiée à Hans Jonas et à son principe de responsabilité, à Ulrich Beck et son idée d'une société du risque, à Jürgen Habermas et à la menace de l'eugénisme libéral qu'il voit poindre et, en France, à Paul Ricoeur ou Jean-Pierre Dupuy. La seconde est moins philosophique et englobante, elle est plus politique et attachée aux modes concrets de gestion des problèmes. Elle prend acte de la multiplication d'actes de défiance dans nos sociétés, d'une rupture dans l'idéologie du progrès, elle en appelle à une réflexion sur les procédures les mieux adaptées à une gestion démocratique de nos sociétés post-industrielles. Les deux ne sont toutefois pas contradictoires – car elles font notamment du politique et de la réflexion globale la seule alternative qui soit viable.

La techno-science et les craintes qu'elle suscite

La première attitude part de l'idée que la science d'aujourd'hui, ou plus précisément l'univers techno-industriel auquel les savoirs scientifiques sont organiquement liés, a le pouvoir de modifier notre environnement et notre vie sociale et individuelle de façon radicale (au vu de notre expérience historique) et irréversible (pour ce que nous en pouvons juger). La caractéristique principale de cette industrie techno-scientifique est en effet qu'elle touche au sacré, à notre existant même, à l'essence de la vie et aux grands équilibres de notre monde commun ; qu'elle introduit des risques systémiques très difficiles à identifier et anticiper vu la variété des acteurs et la complexité des interactions, des risques dont personne n'a la maîtrise ni même la compréhension (pensons au dossier de la vache folle) ; que certains de ces risques, infiniment peu probables, auraient toutefois des conséquences incalculables s'ils advenaient – ce qui nous atteint dans notre manière même de peser le risque (en termes probabilistes par exemple) ; que cette technoscience agit avant que d'avoir mesuré les conséquences de ses actes, que ce qu'elle modifie et déplace par ses interventions n'apparaît pleinement qu'après coup[103]. La responsabilité juridique classique est de ce fait bien insuffisante, voire dérisoire, puisqu'elle n'envisage qu'une justice réparatrice, alors qu'il risque d'être trop tard et que la *réparation* n'aura plus de sens. Il convient donc de penser à nouveaux frais la question d'une responsabilité tournée vers le futur, d'une responsabilité constructive et morale se traduisant en devoirs et non plus seulement en droits. Si nous avons des raisons de supposer que la biosphère est menacée de façon radicale dans son être même, comme pourrait l'être l'avenir de l'espèce et de ce qui fonde l'humain en société (en cas de clonage par exemple), ces questions doivent devenir l'objet d'une éthique de la civilisation technologique, l'objet d'une réflexion en termes d'approches globales énonçant des propositions sur la nature de l'humain, du social et de notre relation à la techno-nature constituant le cadre de notre vie. Ces remarques sont d'autant plus importantes que beaucoup de ces questions appellent des solutions supra-nationales, que celles-ci ne pourront être que le fait de décisions impliquant toute la planète, qu'elles ne prendront forme qu'à travers des actions de réflexion et de persuasion qui ne relèvent pas de l'activisme politique classique, qu'elles s'appuieront sur des postures éthiques et l'énoncé de cités de justice qui seront nouvelles et à la fois individuelles et collectives[104].

En première approximation, cette évidence – nous sommes confrontés à des défis majeurs et nouveaux – s'enracine dans deux types d'éléments. D'abord l'inquiétude d'une société en pleine croissance face à son environnement et dont les premiers linéaments remontent aux années 1960 (*Silent Spring*, de Rachel Carson, publié en 1962). Dans la période plus récente, cette inquiétude s'est généralisée du fait de l'essor des biotechnologies (humaines et agro-

103. Beck (1986, édition : 2001) est bien sûr la référence première sur cette question ; voir également Dupuy (2002).

104. Jonas (1979, édition : 1995), Ricoeur (1991), Habermas (2002) ; voir également Bachelard-Jobard (2001).

alimentaires) et de la répétition des crises et des affaires que nous venons d'évoquer. En France par exemple, dans un contexte de longue durée marqué par un lobby nucléaire particulièrement puissant et clos sur lui-même, l'affaire de la transfusion sanguine a conduit les victimes à ne plus se contenter de mesures d'indemnisation mais à demander un traitement *pénal* de ces questions. Cette série d'évènements à fort retentissement affectif et médiatique a conduit à une sensibilité accrue aux procédures de diffusion des innovations et aux produits offerts par la techno-science industrielle, ainsi qu'à des demandes de moratoire et d'autres formes de gestion des risques[105]. Cette inquiétude sociale récente s'enracine aussi dans une perte de confiance dans le politique, en particulier dans son rôle de régulation et de prévision : l'emboîtement des responsabilités apparaît moins clairement et la délimitation des pouvoirs qui garantissent le sérieux des contrôles est brouillée. Cela est dû, en Europe, au rôle croissant et à la nature du pouvoir exercé par la Commission européenne ; cela est dû, à l'échelle mondiale, à la perte de pouvoir des États évoquée dans le chapitre précédent, à la montée en puissance de corps non élus dont les fonctionnements sont sans transparence mais qui légifèrent et réglementent de plus en plus la vie des individus et des nations (pensons à l'OMC, à la Banque mondiale et au FMI, etc.). Cette perte de lisibilité du politique est enfin due au pouvoir croissant d'institutions judiciaires de toutes natures – en bref au fait que les pouvoirs des instances démocratiques ordinaires, celles de l'État-nation des Trente Glorieuses, se sont terriblement érodés.

105. On notera, sur le dernier point, que le déploiement des évènements dépend profondément des situations locales. Si la tendance évoquée ici est globalement juste, elle connaît bien évidemment de grandes variations suivant les contextes. Du milieu des années 1970 au milieu des années 1980, la défiance vis-à-vis des OGM est par exemple forte aux États-Unis et nulle en France. Vingt ans plus tard, c'est le contraire qui est vrai. Ceci ne peut s'expliquer que si l'on examine les dynamiques locales, par exemple les types de "crises" qui marquent chaque région.

Le besoin de nouvelles régulations sociales et politiques

Le second groupe d'attitudes que j'aimerais rappeler rapidement en introduction de ce chapitre (la référence la plus commode est ici, pour ce qui est de la France, le livre de Callon, Lascoumes et Barthes paru récemment – même s'il renvoie à des pratiques sociales nombreuses et à une littérature particulièrement vaste) part de l'idée que nous pouvons enfin sortir de la modernité techniciste et de la confiscation du pouvoir qu'elle opérait. Contre les discours scientistes des Trente Glorieuses, ces auteurs voient advenir le temps d'un monde social se réappropriant pleinement la maîtrise de son avenir et apprenant à réinventer, à travers des formes d'associations nouvelles, les solutions sociotechniques le menant hors des désastres annoncés.[106]

Cette littérature part de l'idée que nos sociétés ont toujours tenu pour distincts l'ordre du politique et l'ordre du scientifique, du moins dans les discours puisque, en pratique, les deux ont toujours été intimement mêlés (voir le chapitre 1 pour en juger). Cette croyance a structuré en deux temps la question du choix en matière techno-scientifique ou d'estimation du risque, le temps de l'expert d'abord, qui doit s'appuyer sur la science la plus solide pour proposer ses solutions, celui du responsable politique ensuite, qui décide à la lumière de ce travail d'expertise. Les problèmes de cette représentation sont que le savoir expert est toujours insuffisant (la science est toujours trop ignorante pour les problèmes concrets qu'on lui soumet) ; qu'il est toujours partial et repose le plus souvent sur un seul mode de solution des problèmes (le réductionnisme chimique ou génétique en biomédecine par exemple) ; que le cadrage initial du problème imposé au scientifique est décisif (et qu'il est d'ordre politique) ; que la définition des problèmes, des risques et des

106. Callon, Lascoumes et Barthes (2001) ; ajouter Rowe et Frewer (2000) pour un bilan des "méthodes de participation du public" et Joly (1999) pour une étude de la première conférence citoyenne en France.

alternatives varie beaucoup au long du spectre social (et qu'il est dommage de l'ignorer). Il est donc préférable d'associer dès le début tous ceux qui sont concernés par le problème (ceux que Callon et ses collègues appellent les profanes) et de noter que l'exploration des solutions et des mondes possibles (qui seront sociaux autant que techniques et scientifiques), comme la définition des collectifs humains susceptibles de les imaginer puis de les porter, implique d'abandonner la dichotomie science/politique, ou expert/-décideur. Imaginer les "solutions socio-techniques" qui seront acceptées (car le processus même de leur construction les rendra acceptables dans des sociétés où l'individualisme et le doute *a priori* sont bien plus forts qu'autrefois) exige donc un approfondissement de la démocratie délégative par une démocratie "*dialogique*" impliquant une multiplication des espaces de débats et de choix et des croisements nombreux entre recherche et société. Cette forme politique nouvelle à favoriser passe par la compréhension que c'est dans le même mouvement qu'il convient de construire les solutions et de reconstruire les identités sociales dans un univers social fragmenté, que c'est dans le même mouvement, face aux situations inédites d'incertitude qui se posent, que s'élaborent les arrangements matériels et sociaux qui conviennent.

Pour le bon déploiement de cette démocratie dialogique, il est donc essentiel que les "profanes" soient impliqués le plus tôt possible dans l'exploration des possibles et la définition des alternatives ; que l'ouverture et la diversité de ces nouveaux forums soient les plus systématiques possible ; que l'accès à la procédure soit égal pour tous et que le débat soit organisé pour garantir la transparence ; que la publicité des débats soit de règle et que "le souci du collectif" soit "une impérieuse nécessité". Ces auteurs insistent sur la nécessaire intégration de ces procédures dans la décision politique et l'espace public – ce qui requiert, pour forcer à la prise en compte, la répétition des évènements et la création d'une mémoire sociale – et ils prêchent pour une action mesurée et de précaution permettant de décider sans trancher de façon radicale. Leur insistance est donc sur l'autonomie forte qu'a et que peut prendre le social par rapport aux logiques autonomes de la science d'une part, aux structures politiques formelles et à la représentation délégative de l'autre. La pertinence de leurs analyses dérive des cas qu'ils ont étudiés, qui ont concerné des mobilisations sociales spécifiques (autour des myopathies ou du SIDA, autour de grandes enquêtes d'intérêt public, etc.) lesquelles ont montré en quoi le rapport à l'autorité de l'expert, comme aux régulations politiques, sont aujourd'hui d'une nature différente de ce qu'ils étaient il y a encore vingt ou trente ans. Ce rapport est constitutif du changement qui affecte en profondeur le social depuis plusieurs décennies. Se donner les moyens de le comprendre peut seul permettre de définir ce qu'il serait possible de faire aujourd'hui, et les marges de manœuvre dont nous disposons.

Ces schémas, qui sont nés autant des pratiques sociales que de la réflexion théorique et politique, sont intéressants dans ce qu'ils disent, dans la liste des problèmes qu'ils pointent, dans les solutions politiques qu'ils proposent. Je crois toutefois qu'ils sont aussi intéressants dans les valeurs souvent implicites qu'ils mobilisent, dans les simplifications qu'ils opèrent et les représentations de la techno-nature ou du social qu'ils offrent. J'aimerais donc reprendre l'ensemble de ces questions en les rendant un peu plus complexes. Comme l'a écrit Jacques Revel dans une formule forte que j'ai toujours plaisir à me réapproprier : pourquoi, dans le travail des sciences humaines et de l'histoire, faudrait-il faire simple quand on peut faire compliqué ?

Penser les techno-sciences aujourd'hui : mesurer l'extrême variété des situations

Je vais commencer par trois remarques. En premier lieu, les situations que nous rencontrons, et dans lesquelles les techno-sciences sont impliquées, se différencient assez fortement selon cinq paramètres : le problème auquel nous devons faire face peut renvoyer à une situation d'urgence absolue (comme dans le cas de la "vache folle", qui nécessite des mesures immédiates) ou à des questions à gérer sur le plus long terme (modifications climatiques) ; il peut impliquer des questions à haute teneur scientifique (OGM) ou au contraire concerner des questions sans enjeu techno-scientifique particulier (tracé d'autoroute) ; il peut s'agir d'un problème à traiter localement (la gestion des eaux en Bretagne) ou d'une question qui ne peut être abordée qu'à l'échelle internationale (les rejets industriels dans l'atmosphère) ; il peut mobiliser d'énormes intérêts économiques ou politiques (les biotechnologies et leurs enjeux pharmaceutiques) ou n'impliquer que des intérêts réduits (pollution d'une rivière) ; il peut enfin être d'ordre éthique (le clonage), concerner la vie privée immédiate de beaucoup (transfusion sanguine) ou être d'ordre global (environnement). Ces variations très notables suivant la temporalité considérée (l'urgence ou non), l'implication des derniers savoirs scientifiques (directe ou non), le niveau de traitement requis (local ou international), l'implication d'intérêts économiques (les technologies de l'information) ou la nature du problème (éthique ou environnemental par exemple), n'empêchent certes pas d'engager des réflexions et d'imaginer des procédures générales. Il convient toutefois de savoir que, au minimum, des spécifications seront à élaborer pour les diverses situations, que les solutions proposées devront toujours avoir des formes propres et adaptées au cas. Il convient aussi de voir que la question de l'articulation de ces niveaux et modes d'action sera décisive, qu'il faut penser un monde d'emblée hiérarchisé – et ne pas oublier, notamment, l'ordre propre de la grande politique, l'ordre assez autonome de la violence civile, comme celui de la guerre et de la compétition entre nations. L'oublier reviendrait à ne proposer que des solutions sans portée.

Il faut ensuite admettre que les appréciations et jugements que nous portons sur ce que sont le social et le politique, sur les valeurs qui doivent les structurer et les logiques qui les mènent, seront décisives dans les solutions proposées. L'attitude vis-à-vis du marché et de ses vertus régulatrices peut, pour certaines questions, constituer un point notable de différence ou de désaccord. Selon Dasgupta par exemple, le marché et les entreprises qui y interviennent sont "*environmentally rapacious*" d'un point de vue structurel ; il s'ensuit que l'élaboration de mesures dans une logique de précaution doit prendre cette situation comme point de départ. Bien évidemment, une personne croyant au "management responsable" et au "développement durable inscrit dans l'ordre même de l'entreprise", thématiques très présentes depuis quelques années, douterait du bien fondé de la position de Dasgupta et concevrait son action différemment. Pour Marie-Angèle Hermitte et Dominique Dormont, l'étude qu'ils ont menée du déroulement de la crise de la vache folle en Europe les amène à dire que, en cas de crise sanitaire, il faut oser prendre des mesures pouvant remettre en cause le principe de confiance réciproque à la base du libre-échange et qui veut que ce soit le pays exportateur qui garantisse la qualité des produits. Ils suggèrent que l'on puisse décréter un état d'urgence sanitaire autorisant les autorités politiques à suspendre des importations tant que des vérifications n'ont pas eu lieu – ce qui est une proposition politique forte. Pour Christine Noiville et Pierre-Henri Gouyon travaillant à partir du cas de l'introduction du maïs génétiquement modifié en Europe, c'est l'existence et la légitimité même d'une démarche de précaution qui est au cœur des relations commerciales entre États et des pratiques de l'OMC – ce qui doit conduire à questionner le fonctionnement de ces institutions[107].

J'aimerais enfin insister sur un point central : les sciences ne sont pas mobilisées avec la même insistance suivant les problèmes à résoudre et cela doit conduire à l'élaboration de

107. Dasgupta (2000), Noiville et Gouyon (2000), Hermitte et Dormont (2000), Jonas (1995), Beck (2001), Latour (1999), Callon (1998), Callon, Lascoumes et Barthes (2001). Pour un contraste d'attitudes intéressant, comparer Latour (1994), Boltanski *et al.* (1996) et Hermitte (1996).

principes spécifiques. Dans les cas où l'élaboration de savoirs scientifiques neufs est absolument primordiale (le cas de la vache folle par exemple), il faut garder à l'esprit que si l'élaboration d'une solution ne peut relever des seuls arguments de la science, si les solutions ne peuvent être indépendantes de ce qui est socialement acceptable et si ces solutions socio-techniques doivent être élaborées dans des arènes dialogiques à multiplier, la mobilisation de la recherche peut alors s'avérer décisive. Certes il faudra revenir longuement sur la nature de cette recherche et la manière dont elle est cadrée, mais elle doit être, et sera toujours, un élément central des solutions qui seront débattues. Tous les énoncés ne se valent pas quant à l'analyse ou à la maîtrise d'une épidémie par exemple – et les scientifiques doivent être mobilisés lorsque c'est nécessaire Afin de garantir la diversité des approches et de s'assurer qu'aucune piste n'est ignorée, il est toutefois préférable qu'ils le soient dans des espaces *de nature différente* : laboratoires industriels ou privés, laboratoires universitaires sous ou sans contrats d'exclusivité avec des entreprises, laboratoires associatifs ou institut nationaux de recherche du type INRA ou INSERM. Dans ce registre, la question de l'autonomie des uns par rapport aux autres peut s'avérer décisive, comme celle de leur coordination pour des actions plus efficaces[108]. Si donc le travail de mobilisation de la science doit se faire en interaction constante avec des débats socialement très larges, si ces débats doivent contribuer directement à la définition des politiques et objets de recherche, la question de la recherche elle-même, celle des *politiques de recherche* souhaitables, ne peut être évacuée.

108. L'idée de dispositifs modulaires, tels que les propose Bernard Ancori (2003), est ici intéressante.

De la variété des acteurs et groupements concernés

J'aimerais maintenant m'attarder sur différents types d'acteurs régulièrement impliqués dans ces questions. Non pour en faire une typologie (et encore moins une typologie complète) mais pour montrer la variété des intérêts et enjeux, indiquer quelques-unes des logiques d'action, et ainsi mieux saisir la multiplicité des facettes du régime d'existence des sciences en société que nous connaissons aujourd'hui. Je crois en effet qu'une approche efficace doit prendre en compte le fait que les sociétés ne sont pas grises et seulement composées d'individus qui négocient, que du pouvoir est distribué dans le social, qu'il existe des asymétries profondes et structurantes, et des valeurs qui divergent. Certes nous avons tous appris la permanente reconfiguration du social par l'action, que les acteurs réels et individuels ne sont pas des marionnettes manipulées par les structures (les fameux "idiots culturels" de Garfinkel), qu'ils recomposent constamment le social et que les solutions s'inventent dans le mouvement même qui voit les identités se recomposer – mais les sociétés ne sont pas indéfiniment malléables et sans contraintes fortes. Certaines logiques sont assez stables, certains acteurs sont beaucoup plus puissants que d'autres et polarisent radicalement les jeux possibles, et les grands dispositifs techno-sociaux déterminent lourdement le champ des possibles. Il n'est pas question d'oublier ce que nous ont appris les approches pragmatistes, mais il est tout aussi vital de ne pas rester innocent et de ne pas être soi-même victime des discours lénifiants d'aujourd'hui sur l'autonomie quasi-infinie dont disposeraient les individus post ou hypermodernes.

Les scientifiques

Commençons par un premier groupe d'acteurs, les scientifiques eux-mêmes, ceux qui travaillent au laboratoire ou sur le terrain. Pour beaucoup d'entre eux – je pense notamment aux physiciens français, que je connais quelque peu – dominent aujourd'hui des sentiments de crainte devant ce qui advient. Ils pensent parfois que la science est attaquée dans son cœur même, qu'on doute de son indépendance et de son sérieux, que le social vire dans l'irrationnel ; mais aussi que la science est menacée par le marché, que le mouvement vers plus de privatisation mine la neutralité intrinsèque du travail scientifique, sa qualité comme son dynamisme exploratoire. Derrière ces craintes gît souvent le sentiment d'un âge d'or aujourd'hui révolu et dans lequel la science avait sa juste place en faveur du progrès économique et social, comme de la maîtrise rationnelle des choses. Certes l'âge d'or est toujours situé dans un passé plus ou moins indéfini mais, dans les récits d'aujourd'hui, il renvoie le plus souvent aux Trente Glorieuses, au respect très fort qui prévalait alors pour la Science (et qui l'associait à la gestion de l'État), aux flots d'argent public qui irriguaient la recherche, à la liberté de choisir ses sujets qui dominait alors chez les scientifiques. Ce sentiment reflète quelque chose de vrai (quant au respect général entourant la science) mais il est un paradoxe à cette impression : les Trente Glorieuses furent aussi le moment de la plus grande dépendance de la science vis-vis des financements militaires et industriels. Et si les scientifiques disposaient alors d'une telle latitude, c'est précisément qu'on les savait capables d'aider à gagner les guerres et qu'ils étaient, en conséquence, une "espèce" à choyer et protéger !

Aujourd'hui, il faut faire son deuil de ce récit mythique et nos amis chercheurs doivent comprendre qu'ils leur faut abandonner une manière de faire et de penser qui considère que la science est "naturellement" à part, qu'elle est essentiellement différente des autres activités humaines, qu'elle est spontanément neutre et au-dessus des contingences et de la politique – et qu'aucun compte ne peut leur être demandé puisqu'ils travaillent pour le bien de l'humanité. La science est de ce monde, elle l'est plus que jamais, elle concourt à des choix de société, elle clôt certains possibles et peut en imposer d'autres – et il n'est rien de surprenant, en termes de principes, que la société intervienne pour inciter à certains développements qu'elle juge essentiels ou en interdire d'autres qu'elle estime dangereux. Les études d'opinion montrent aussi autre chose que les scientifiques doivent comprendre : c'est moins la confiance dans "la science" en tant que telle qui est atteinte que la confiance dans les formes de régulation des sciences et de ses produits. En ce sens, et contrairement à ce que beaucoup se plaisent à raconter, c'est la techno-science industrielle et sa gestion politique (plus que "la science") qui sont au cœur de cette défiance croissante. Cela n'absout toutefois pas les sciences à l'œuvre puisque c'est aussi une certaine manière unilatérale de regarder les problèmes, une façon trop exclusivement réductionniste, mais aussi technologique et techniciste, qui est attaquée. Sont pointés l'oubli de la variété nécessaire des approches (l'embryologie en déshérence pendant des décennies du fait de la domination sans partage de la biologie moléculaire) et l'oubli de la complexité des choses (le développement agricole ne se réduit pas à la production de nouvelles variétés en laboratoire). C'est le caractère démiurgique de beaucoup des approches techno-scientifiques qui est contesté, le fait qu'il est beaucoup de choses que les sciences ne savent pas et ne peuvent pas connaître – mais qu'elles l'oublient.

Les acteurs économiques

Au second groupe, les acteurs économiques, a été consacrée une partie du chapitre précédent. Il s'agit des groupes industriels et commerciaux, eux-mêmes très liés aux pouvoirs politiques et réglementaires. Je prendrai comme point de départ les logiques économiques à l'œuvre dans les questions environnementales telles que Dasgupta les décrit, l'idée que les marchés et les entreprises ne sont pas les institutions les plus idoines pour la protection de l'environnement. La raison structurelle en est, selon lui, qu'on "ne peut se fier à elles pour qu'elles évaluent correctement la nature limitée des disponibilités environnementales". Dans le cadre de la compétition à laquelle elles se livrent, elles tendent à considérer les ressources naturelles comme gratuites (ou à les sous-évaluer lorsqu'elles sont contraintes de les prendre en compte) et il est très peu d'incitations à les économiser. C'est pourquoi, écrit Dasgupta, les forces du marché se contentent de s'approprier les ressources naturelles, quelles que soient les conséquences de long terme. Cette analyse théorique a pour elle un bon sens élémentaire – et le poids de l'histoire : toutes les analyses de cas concrets concernant la sécurité écologique ou sanitaire sur une longue période vont malheureusement dans ce sens. Un exemple récent en est donné par les analyses publiées en annexe du rapport remis au Premier Ministre par Philippe Kourilsky et Geneviève Viney le 29 novembre 1999 et qui concernent l'épidémie d'ESB et l'introduction des OGM en France (notamment le rôle très suiviste de la Commission européenne vis-à-vis des intérêts industriels dans la mise sur le marché du maïs génétiquement modifié). Je ne mentionnerai donc qu'un autre cas, qui est dans toutes les mémoires, l'échec du projet de Convention sur la biodiversité, projet à ce jour toujours bloqué par des pays défendant les intérêts étroitement conçus de leurs industriels[109].

Partant de l'exemple de la Convention sur la biodiversité, on peut toutefois inverser l'argumentaire. Prenant raison du bon vouloir de ceux qui *ont signé* ce protocole (et qui sont l'immense majorité), on peut parler de progrès réels et encourageants (même s'ils sont récents) et donc arguer que la proposition de Dasgupta n'est pas immuable. La gestion responsable, l'éthique et le développement durable sont aujourd'hui dans tous les manuels de management[110], ils sont omniprésents dans le discours des grands groupes industriels comme dans les organisations de cadres. Quelques indices en sont le *leadership* revendiqué aujourd'hui

109. Dasgupta (2000) et Noiville et Gouyon (2000).

110. M'arrive par le mail au moment où je relis ces lignes, une initiative de la "Chambre de Commerce et d'Industrie pour le Développement Durable" en faveur du "prochain forum mondial de l'entreprenariat responsable" pour "une économie éveillée" attentive "à l'avenir de la planète" (mail reçu le 18 février 2003 du genevaforum.com).

par les grandes sociétés internationales en matière d'éthique et de responsabilité ; le flot de déclarations et d'engagements (mais aussi de rhétorique du type : "BMW, la voiture durable") entendus à Johannesburg lors du dernier sommet de la Terre ; l'entrée en politique des mêmes thèmes (nette en France depuis quelques mois) et, si l'on inclut la responsabilité sociale à côté de la responsabilité environnementale, la multiplication des chartes d'entreprises (le plus souvent à l'instigation de managers anglo-saxons accusés par les syndicalistes français d'en profiter pour mettre les syndicats hors-la-loi[111]) et les derniers numéros de la revue *Cadres* de la CFDT. Sur les huit numéros publiés depuis décembre 2000 par cette revue, six traitent du management responsable, de l'éthique, de la déontologie, de la responsabilité, de l'autonomie, des identités, etc.[112]

Diverses attitudes sont possibles devant ce flot de discours et promesses. L'une consiste à faire preuve de mauvais esprit, à analyser comment ce discours s'est construit dans le passé très récent et est devenu une vulgate nécessaire du "politiquement correct". Partie de la "gouvernance d'entreprise" et du "management transparent", notions qui apparaissent avec le renouveau du pouvoir des actionnaires et le besoin de visibilité des gestionnaires financiers face aux administrateurs des fonds de pension, nous l'avons évoqué au chapitre 3, la "bonne gouvernance" passe ensuite en politique, dans le discours des institutions internationales puis des États, comme dans la rhétorique des ONG, avant que n'émerge la "gouvernance globale" – théorisée initialement à la *London School of Economics* – et qui vise les valeurs

111. Voir le n° 401 (novembre 2002) de la Revue *Cadres* de la CFDT intitulé *Responsabilité, déontologie, éthique*, pourtant fort intéressé par ces thématiques.

112. Revue *Cadres* de la CFDT : Pour un État efficace (n° 394), Les professionnels autonomes (395), Identité(s) et négociations (396), Moderniser les administrations publiques (399), Évaluation globale et management responsable (400), Responsabilité, déontologie, éthique (401). Je remercie Anoushe Karvar pour avoir attiré mon attention sur ces textes.

planétaires communes et la gestion d'un futur collectif enfin réconcilié. Dans ce registre, Philippe Moreau Defarges (à qui j'emprunte ces réflexions) est le plus percutant. Ce vocabulaire de la gouvernance laisse en effet entendre, explique-t-il, que le politique tel qu'il a été inventé et pratiqué depuis des siècles n'a plus à être. Parce que nos sociétés sont pacifiées extérieurement (nous n'avons plus à craindre les guerres d'agression), parce qu'elles sont pacifiées intérieurement (nous sommes dans des sociétés riches et le terme d'exploitation est un vilain mot), en bref parce qu'il n'y a plus de conflits d'intérêts et que nous n'avons plus à penser la dévolution des biens dans la mesure où le marché s'en charge, il n'est plus de choix de société et d'arbitrages de fond à opérer. Le problème se ramène donc à des questions d'organisation et de management, à l'invention des "bonnes procédures", aux pratiques ordinaires de la gestion, et éventuellement à des actions de police internationale contre ceux qui perturberaient ce monde, somme toute, heureux. Dans ce monde de bonnes volontés idéologiquement réconcilié et sans ennemi, la question politique de la représentation ne fait d'ailleurs plus recette : tout est affaire de responsabilité individuelle, d'apprentissages réciproques, et il ne reste qu'à surveiller les règles d'un jeu où est postulée l'existence d'une solution optimale. En bref, gouverner n'est plus affaire de politique au sens fort mais l'affaire de tout un chacun, tout le monde étant responsable de tout devant tout le monde dans un univers toujours en mouvement et enfin consensuel[113].

Cette première lecture est dubitative. Elle n'est pas sûre que le monde est si pacifié qu'on le dit (intérieurement comme extérieurement), que l'apparence de paix ne se construit pas au détriment de la justice et elle reste quelque peu incrédule devant ce flot de discours œcuméniques. Elle croit que

---

113. Moreau Defarges (2001). La critique de Moreau Defarges rejoint bien sûr les analyses du politique d'un Paul Ricoeur (1991), ou celles de Fitoussi (2002) insistant sur les tensions structurantes entre logiques du marché et logiques de la démocratie.

Dasgupta a plutôt raison en matière d'environnement et de droit social et elle dénonce un discours idéologique, une bataille de mots pour le contrôle des esprits, toutes choses que nous ne pouvons balayer d'un revers de main tant l'histoire, y compris celle des derniers mois, nous enjoint d'être prudents[114]. Je crois toutefois qu'il est aussi possible de prendre ces déclarations et propositions au pied de la lettre (les chartes d'entreprises comme les déclarations de responsabilité environnementales des entreprises ou des États), de s'appuyer sur elles pour aller de l'avant ; je crois qu'il est de bonne politique de les populariser afin de contribuer à *faire respecter* les engagements qu'elles prennent. Puisque les idées qu'elles revendiquent sont intéressantes, il faut tout faire pour qu'elles adviennent sans se leurrer ni être naïf. Le point me semble important et j'y reviendrai lorsque je tenterai de penser l'action possible et les principes qui devraient la fonder.

"La société civile" et les associations

Troisième groupe d'acteurs que j'aimerais maintenant considérer, la nébuleuse formée des acteurs associatifs, des groupements militants, de ce qu'on a pris coutume d'appeler "*la société civile*", et dont la prolifération, le dynamisme et la variété constituent un élément frappant des deux dernières décennies[115]. Si la place du marché est devenue centrale dans notre vie au détriment des régulations étatiques (éléments décrits dans le chapitre précédent), il est tout aussi évident que cette "société civile" a pris une place inconnue jusqu'alors dans nos régulations, dans l'émergence de nouvelles valeurs comme de nouveaux modes d'action combinant actions sur le terrain, enquêtes et recherche

114. Je pense, en dehors de la guerre qui vient, aux diverses affaires du type Enron. Concernant le droit du travail, voir les analyses menées par la revue *Cadres* de la CFDT, Dejours (1998), *Le Monde Économie*, 11 février 2003, et l'enquête de Baudelot et Gaulac (2003).

115. Parmi un ensemble imposant, on lira Deler *et al.* (1998) et Dauvin et Siméant (2002).

scientifique, actions sur les médias, boycott, etc. Je mentionnerai seulement les mouvements d'aide au Tiers-Monde, d'aide alimentaire ou médicale d'urgence (Médecins sans frontières) ; les mouvements pour la défense de l'environnement (Greenpeace) ou des exclus et des minorités (ATD Quart Monde, Droit au logement) ; les mouvements de lutte contre les excès de la mondialisation (ATTAC) ou ceux qui adoptent des postures morales d'indignation ou de révolte (Reclaim the Streets). Pour ce qui nous concerne plus particulièrement dans cette section, je mentionnerai les ONG environnementalistes, souvent les plus anciennes ; les ONG travaillant pour le développement des pays du Sud, les plus nouvelles dans la lignée du rapport Brundtland, les autres dans les cadres plus habituels de la charité. On doit leur ajouter les associations de malades dans les pays du Nord (l'AFM ou Act Up par exemple), les groupements ayant établi des lieux d'expertise indépendants des institutions officielles (la CRIIRAD en matière nucléaire ou la CRIGEN) mais aussi les organismes professionnels-politiques (comme la Confédération paysanne) ou les mouvements de producteurs (je pense au mouvement pour le développement de l'agriculture biologique ou au Réseau d'agriculture durable de l'Ouest de la France).

Je soulignerai trois points à propos de ces initiatives qui commandent le respect et ont contribué aux importantes transformations sociales que nous connaissons. Je noterai d'abord que ce renouveau associatif, très variable dans ses formes et ses valeurs, relève d'espaces mentaux et politiques très différents. Un ensemble de valeurs semble toutefois commun à beaucoup de ces ONG – peut-être plus hors de France qu'en France même, pour dire vrai – à savoir qu'il faut agir de façon indépendante des cadres gouvernementaux (donnés comme bureaucratiques et autoritaires), qu'il faut favoriser l'accès direct aux populations, à qui nous devons apporter les usages démocratiques et le sens du développement durable, que l'objectif est de favoriser l'auto-organisation de ceux vers qui nous allons. Ensuite, qu'un grand nombre de ces associations et ONG sont devenues des acteurs essentiels de la vie politique internationale. Elles sont actuellement les vecteurs d'une grande part de l'action publique : de 1990 à 1994, par exemple, la part des fonds d'aide de la communauté européenne gérée par les ONG est passée de 47 à 67%. Minns parle à ce propos de privatisation de l'aide publique et d'une "autre forme de la délégation des problèmes sociaux au marché" – ce qui est une formulation "techniquement" juste mais ambiguë et, à mon sens, inutilement sévère[116]. Il est certes une similitude forte de vocabulaire avec ce qu'analyse Moreau Defarges et une impasse sur les mêmes réalités – à savoir l'occultation des questions de pouvoir qui "cadrent" ces actions locales, toutes choses analysées avec finesse et sympathie par Kalaora d'une part, par Lavigne Delville, Sellamna et Mathieu de l'autre[117]. Les critiques portées par ces ONG développementalistes aux interventions des États ne sont toutefois pas sans fondement et il est des convergences dont ces associations sont elles-mêmes parfaitement conscientes (elles peuvent les juger indésirables mais inévitables, aucune action n'étant sans effet pervers). Je pense par exemple à l'association Act Up, très consciente d'avoir été instrumentalisée par les grandes compagnies pharmaceutiques luttant contre le SIDA – mais qui a en échange obtenu des résultats inespérés. Concernant les savoirs, finalement, on notera qu'un grand nombre de ces ONG "nouvelle manière" financent de la recherche ou agissent pour influer sur ses choix, qu'elles accumulent des données et des informations, qu'elles développent une expertise propre qui vient contredire ou

---

116. Minns (2001).

117. Kalaora (1999) et Lavigne Delville, Sellamna et Mathieu (2000). Le premier traite de "la religion des mots" chez les experts "globaux" des ONG travaillant sur la gestion intégrée des zones côtières (dans la tradition du rapport Brundtland) ; il montre les *a priori* implicites véhiculés par leurs approches, comme leurs effets sur les pays d'accueil. Les seconds analysent les discours et pratiques en faveur de la participation des populations au développement. Malgré leur générosité, ces interventions peuvent selon eux conduire au déplacement des cités de justice, au remplacement de droits par des politiques d'assistance, et il est possible qu'elles contribuent parfois à la croyance qui veut que ce soit par plus de technique qu'on avance.

soutenir d'autres formes d'expertise privées ou publiques, toutes activités de la plus haute importance[118].

Une vision quelque peu scientiste pourrait objecter la partialité du point de départ des analyses scientifiques de ces groupes (qui sont des groupements militants). Cette partialité de départ n'est peut-être toutefois ni un problème, ni un handicap. Elle ne serait un problème que si les résultats sortant des laboratoires universitaires ou des entreprises étaient eux-mêmes purs, déconnectés de tout biais, de tout présupposé, ce qui est évidemment ridicule, et que cette expertise militante ne cherchait pas, comme les autres, à saisir une part vitale de la vérité et à s'en donner les moyens. Si la dynamique des savoirs est dans la rectification permanente, comme nous l'avons appris dans nos classes de philosophie, si tout savoir est toujours incomplet et pétri de parti pris, il se peut bien que ce soit un *avantage* que d'avoir des acteurs systématiquement défiants quant à certaines questions : ils sont particulièrement critiques, construisent une information autre, cette construction conduisant à éclairer les points aveugles des savoirs officiels (dont les savoirs universitaires). Plus radicalement, ils peuvent faire émerger l'implicite profond (souvent perdu de vue par les scientifiques) qui organise les actes de la techno-science, notamment sa dimension de foi technologique, le fait qu'elle pense spontanément que c'est en allant vers toujours plus de science et de réductionnisme qu'on résout les problèmes, et qui oublie que les systèmes techniques sont aussi des systèmes sociaux vécus et que les certitudes de la science sont souvent destructrices de formes de vie avant que d'être positives. L'intervention de ces acteurs, à travers leurs analyses ou des états de fait, contribue enfin à forcer à des débats que d'autres acteurs peuvent souhaiter ne pas tenir – l'attitude de la CRIIRAD face aux discours officiels du gouvernement français au moment de l'incident de Tchernobyl en consti-

118. Lee (1996).

tuant le cas paradigmatique[119]. À mon sens, il convient de ne pas faire preuve de frilosité en ces matières, le point étant peut-être important à faire en terre de France, marquée historiquement par un scientisme d'État cachant souvent ses craintes et choix politiques derrière une revendication de neutralité scientifique.

Resterait à parler des structures internationales et des appareils d'État (et de la définition de leur rôle et responsabilité, notamment dans le suivi des décisions), des systèmes judiciaires et de leur place (notamment dans le contrôle des décisions administratives), comme de l'attitude des deux face aux demandes sociales. Je me sens totalement incompétent sur ces questions et je renverrai simplement à Hermitte et Dormont[120] concernant les implications de la mise en œuvre du principe de précaution en matière sanitaire. Selon ces auteurs, les interventions accrues des administrations dans les affaires sanitaires, comme l'émergence de nouvelles valeurs sociales quant à ce qui est acceptable, impliquent de redéfinir un certain nombre de règles. Par exemple de repenser la pratique qui veut que les questions de santé publique ne soient considérées par le juge que comme un problème "technique" sur lequel il n'exerce qu'un contrôle restreint et d'insister au contraire pour qu'il puisse exercer un contrôle *a priori* sur les décisions administratives et sur les motifs invoqués. Un compromis est donc à élaborer entre efficacité du pouvoir administratif et politique, et droits des individus, un exemple pouvant être celui, classique, d'une action en justice menée au nom du principe de précaution contre une autorisation de mise sur le marché prise par une administration. Hermitte et Dormont concluent "que la mise en œuvre du principe de précaution oblige à

---

119. La CRIIRAD a alors contesté, par des prélèvements et des analyses de laboratoire qui ont eu du mal à franchir les barrières des médias, le discours officiel des organismes d'État qui minimisaient radicalement les effets de l'explosion de Tchernobyl en France (les caricaturistes n'ont alors pas tari de commentaires sur ce nuage radioactif traversant l'Europe mais s'arrêtant à nos frontières !).

120. Hermitte et Dormont (2000).

accélérer la nouvelle alliance entre l'administration active, les acteurs économiques, les citoyens et le juge, pour dire quels sont les risques acceptables, *au moment où la décision se prend* et non pas une fois que le dommage est réalisé".

De la "société civile" et de l'émergence de nouvelles couches et valeurs

La mention des ONG, qui ont été extrêmement influentes dans le déclenchement d'affaires liées à la technoscience industrielle ou dans leur maintien sous les feux de l'actualité, conduit naturellement à s'intéresser aux modifications profondes qui ont affecté le social depuis quelques décennies. Permettez-moi un détour pour aborder cette question. Dans son récent livre, Jean-Pierre Le Goff pose une question d'importance[121]. Ayant rappelé les transformations que nos sociétés ont connues en matière de régulations économiques et politiques, il se demande comment une mutation aussi radicale, un retournement de tendance aussi massif a pu être *accepté*. Vouloir répondre à cette question implique de ne pas regarder les choses du côté de ceux qui veulent le changement, bien évidemment, mais de chercher à connaître ce qui s'est transformé du côté des "récepteurs". On pense immédiatement à la crise économique et au chômage, facteurs toujours favorables à la reprise des avantages acquis. On peut toutefois penser que quelque chose de plus fondamental s'est joué, que la question n'a pas seulement été celle d'une nouvelle répartition des richesses sociales mais celle d'une mutation plus profonde du social et de ses valeurs. L'idée de Jean-Pierre Le Goff est que l'idéologie des groupes contestataires de Mai 68 ou des années 1970 est essentielle dans cette transformation, qu'elle a contribué massivement à ce qu'il voit être un désarmement intellectuel (théorisé dans *L'ère du vide* de Gilles Lipovetsky), une décérébration face aux grandes questions de l'heure, un aveuglement devant les

121. Le Goff (2002).

mutations en cours, aveuglement qui a laissé le champ libre aux managers post-tayloriens et post-modernes.

L'explication n'est pas sans intérêt. Elle renvoie notamment très bien (un thème cher à Boltanski et Chiapello) à tout ce que les discours gestionnaires ont emprunté aux idéologies des années 1960 et 1970 : refus des hiérarchies rigides, des situations bloquées et des organisations *top-down* ; importance de l'autonomie et nécessité de s'accomplir personnellement dans le travail ; importance de la responsabilité individuelle, de la participation et de l'engagement ; promotion du travail collectivement organisé, assumé par des acteurs prêts à toutes les mobilités et formes de collaboration, etc.[122] Elle renvoie aussi à une certaine démobilisation intellectuelle et politique à laquelle cette idéologie a contribué (du fait de ses compréhensions simplistes, manichéennes et instrumentales des relations de pouvoir). Paradoxalement, toutefois, l'explication reste trop courte et trop proche d'une "vision policière de l'histoire" pour être satisfaisante. Pour progresser vers une compréhension plus ample, il convient d'étendre l'analyse à la transformation globale des sociétés occidentales depuis trente ou quarante ans, à la dissolution des formes classiques d'autorité dans la famille, l'école ou l'entreprise par exemple ; à l'effacement de l'éthique de la discipline et de l'effort dans des générations habituées à l'abondance ; à la multiplication de micro-sociétés dotées de nouvelles valeurs et comportements (les fameux "gauchistes" de Le Goff n'en constituent qu'un petit exemple) et qui défendent des arts de vivre propres et fortement fermés sur eux-mêmes. Je pense aux "raveurs" et à leur musique et mode de vie ; aux "hackers" tant craints par les services de sécurité informatique, et bien sûr aux "mutants" qui prônent une réappropriation positive de toutes les avancées biotechnologiques, qui militent pour le clonage et le droit complet à maîtriser leur existence et leur corps, qui accueillent

122. Voir la très belle étude anthropo-sociologique de Savignac et Waser (2003) sur l'e-économie du Sentier.

avec enthousiasme l'idée d'implants électroniques et de modifications génétiques, qui revendiquent le droit inaliénable de devenir des sujets d'auto-expérimentation et des cyborgs[123].

La montée de l'individualisme

Il convient aussi de revenir sur la dissolution de ce qui constituait les identités et les modes d'existence des classes économiques traditionnelles (une identité ouvrière affirmée unique et qui est remplacée aujourd'hui par des identités générationnelles ou ethniques, des identités culturelles ou de mœurs). Il faudrait revenir sur la croissance numérique et la place économique et politique nouvelle prise par les couches jeunes et éduquées (qu'on pense à la transformation sociale et politique de Paris ou de Londres pour en saisir une traduction), des couches plus mobiles sur le marché du travail, qui ont profité de la montée des nouvelles économies de la connaissance, qui ont de fortes revendications d'autonomie et ont des vies professionnelles et privées plus éclatées. Ces couches sont porteuses de valeurs dans tous les domaines (refus de nombreuses formes d'autorité directe dans le travail, mais aussi demande de temps libre, expression en faveur d'autres formes de vie familiale, de rapports entre sexes et au multiculturel, d'aménagement des cadres de vie) ; elles sont historiquement décisives comme le montre leur place dans "la nouvelle économie", l'émergence des mouvements de femmes, des mouvements gays et lesbiens, de la mouvance post-moderne aux États-Unis – et l'impact de leurs analyses, manières de vivre et revendications[124].

---

123. Sur les raves, Gasparini (2001) ; sur les hackers, Auray (1997) ; sur les mutants, Michaud (2002) ; pour "le site des mutants", voir www.ifrance.com/mutation.

124. On se reportera par exemple à l'étude de Marc Abélès sur la Silicon Valley ou à celle d'Emmanuelle Savignac et Anne-Marie Waser sur le "Silicon Sentier" à Paris : Abélès (2002), Savignac et Waser (2003).

Une idée importante est ici celle de la montée de l'individualité comme valeur, de l'extension du champ du privé et du choix de soi très sensible depuis trois ou quatre décennies, et qui marquerait la rupture la plus nette d'avec les modes d'être de la période qui précède (celle des années 1870-1970 évoquée dans le chapitre 2). Elle se marque par des attitudes plus fréquentes de désengagement, des modes divers de "déliaison" comme dit Marcel Gauchet[125], une personnalisation et un changement plus rapide des adhésions, un affichage public, voire tapageur, de ses préférences, des revendications hédonistes et une mise en spectacle de soi – valeurs qui s'opposent à la culture de la tradition, au respect des formes de civilité héritées des parents et des bonnes manières, au lien social en tant qu'il précède l'action des individus et en définit le cadre prescriptif. La montée de ces nouvelles valeurs et façons d'être – dont la télévision de ces dernières années organise la valorisation en en faisant un art de vivre – s'enracine dans la corrosion des appartenances traditionnelles (lors du passage au mode de vie urbain par exemple) et la désinstitutionalisation de la famille. Elle a toutefois aussi ses sources, paradoxalement peut-être, dans le déploiement de l'État social des Trente Glorieuses puisqu'il a créé les conditions d'une indépendance radicale des individus face aux solidarités traditionnelles, qu'il a permis leur émancipation et a organisé ses fonctions de redistribution de façon anonyme, automatique et égalitaire. Elle trouve encore ses origines dans l'existence d'une consommation de masse offrant une très grande variété de produits (même pour les bas salaires), à l'expansion et l'affirmation de ces couches nouvelles qui ont accédé à un autre statut grâce à l'éducation, à d'autres valeurs, d'autres référents, d'autres aspirations, et qui constituent le fer de lance de ce mouvement vers plus d'autonomie et d'indépendance vis-à-vis de toutes les pesanteurs, notamment celles de leurs milieux d'origine.

---

125. Pour ce paragraphe et le suivant, Gauchet (2002).

Cette montée d'un individualisme contemporain sensible à l'autonomie du sujet, qui ne veut pas s'en laisser conter et veut être maître de ses choix en matière de travail comme pour son environnement ou son alimentation, a un autre trait intéressant pour l'analyse qui est la mienne. Rejoignant un aspect majeur des thématiques "post-modernes" américaines, Marcel Gauchet le décrit comme la disparition du besoin de devoir toujours tout comprendre rationnellement, d'être toujours et intégralement rationnel/scientifique, de disposer de systèmes complets de pensée, de devoir tout maîtriser d'un regard unique et panoptique. Le sujet très contemporain accepte plus facilement la multiplicité des points de vue et des choix, dit Gauchet, il est moins marqué par la nécessité de tout "tenir" et accepte la nature limitée des rationalités qu'il mobilise pour gérer sa vie. Il ne porte plus le projet des "Lumières extrêmes", comme dit Philippe Corcuff[126], il ne croit plus à la possibilité de dire le vrai de tout, de tout anticiper et prévoir. Beaucoup de choses échappent à la raison, l'humain est faillible et limité, et il sait qu'il est beaucoup de choses qu'il ne sait pas (comme la technoscience qu'il a créée, il ne mesure bien ce qu'il fait qu'après coup, une fois les conséquences advenues). Il ne récuse pas l'analyse rationnelle (du moins beaucoup ne la récusent pas le moins du monde) mais il prend acte de la nécessaire variété des approches et des *styles*, pour reprendre le mot d'Alistair Crombie[127], du fait que, en science par exemple, l'enquête de terrain suit une autre logique que la pratique de laboratoire, que le raisonnement déductif ne procède pas comme les savoir-faire pratiques ou la pensée statistique, mais que tous sont scientifiquement intéressants et indispensables à une bonne appréhension des choses (la puissance des sciences de laboratoire doit donc être contenue et contrebalancée par d'autres approches). L'idéal de comprendre le tout en un seul mouvement cohérent lui apparaît comme un leurre pouvant être dangereux, le projet

---

126. Corcuff (2002).

127. Crombie (1994).

scientiste comme philosophie s'éloigne de lui – et il n'a plus besoin de cette certitude, de cette religion hors de la religion qui fondait le pacte laïc de la modernité. En cela, il a toute raison de regarder avec méfiance la techno-science qui semble vouloir lui imposer ses choix et contraindre ses modes de vie, et a toute raison de se vouloir plus responsable (de la planète par exemple) que ses aînés modernes.

Cette transformation de fond est capitale pour aider à comprendre tant l'acceptation des thématiques économiques libérales que la multiplication des ONG et des engagements, tant le refus de nombreuses formes d'intervention des États que la variété des valeurs mobilisées dans les actions de la "société civile", tant le refus des diktats de la (techno-)-science que les enthousiasmes de ceux qui se veulent devenir des *cyborgs*. À côté de cet individualisme assumé et volontaire, de cet individu par excès et se disant désengagé des appartenances collectives, il existe toutefois aussi, et massivement, nombre *d'individus par défaut* (le mot est de Robert Castel), d'individus et de groupe désocialisés qui ont perdu leur(s) identité(s) et repère(s) et qui manquent des premiers moyens permettant de s'affirmer comme individus positifs. Ceux-là ont subi les évolutions, ils sont les perdants de ces mutations, ils en sont les victimes. Certes, cet "isolement de chacun dans le social" est peut-être devenu un fait général et personne n'a d'autre solution que d'en être – notamment dans l'entreprise où la personne, l'individu nu et déconnecté, est devenu l'objet privilégié du management. Là où l'ouvrière ou l'employé participaient d'un collectif de travail, ils sont aujourd'hui atomisés, coupés des autres, renvoyés à eux-mêmes ; là où l'entreprise ne prenait que la "force de travail", elle veut aujourd'hui la subjectivité, l'investissement personnel et complet de ses employées et ouvriers – mais dans des cadres que ceux-ci ne maîtrisent pas et desquels ils peuvent être exclus sans préavis. Dans ces espaces, beaucoup ne deviennent donc des individus que sur un mode passif – et ils ne sont pas minoritaires ni en voie de disparition, et rien n'autorise qu'on fasse comme s'ils ne constituaient pas *aussi* le social d'aujourd'hui. C'est que les individus par excès, ces individus hypermodernes et hautement privés (qui semblent dire la norme sociale et sont en général très bien socialisés) n'existent comme tels, n'ont un for intérieur et ne mènent leurs affaires à ce qui leur semble leur guise que parce qu'ils sont riches de (nombreuses) ressources. Comme le conclut Castel reprenant Tocqueville et Locke, ce sont la propriété, les biens auxquels sont fréquemment associées les "Lumières" – c'est-à-dire l'instruction, l'éducation, la culture – qui permettent à l'individu moderne de se penser comme (et largement d'être) indépendant, auto-suffisant et affranchi des contraintes sociales[128].

Il est donc du vrai dans les discours qui insistent sur le fait que le nouvel univers des relations sociales et de travail qui s'est mis en place depuis quelques décennies est "en phase et en résonance avec des tendances sociétales profondes, comme l'aspiration des personnes à la mobilité des liens et à la conduite autonome des destinées", qu'il est congruent "avec la réduction générale des engagements durables qui constitue une des lignes de force principales de l'individualisme moderne" (Pierre Veltz)[129]. Nous devons toutefois rester prudents, d'une part avec les discours généralisants qui tiennent que nous allons vers toujours plus de responsabilité et d'*accountability* dans un monde conscient de ses devoirs et qui a dépassé l'amoralité intrinsèque de la modernité, car ceci ne correspond qu'à des univers très réduits, ignore le gros des relations sociales, et oublie les intérêts bien compris que défendent les États les plus puissants. D'autre part, nous devons aussi penser à ces évolutions du point de vue des groupes qui la subissent plus qu'ils ne la construisent. On pourra alors parler de fragmentation, de dissolution d'identités, de perte de repères[130]. À la limite, la question vaut d'être posée de ce qui constitue la norme. On décrit souvent cette montée de l'individualisme comme la

128. Castel et Haroche (2001).

129. Veltz (2000), 10 et 13.

130. Sur la vision du social des jeunes des cités de banlieue, Gaulbert (2001).

tendance lourde et on fait comme si ceux qui ne la saisissent pas étaient des cas tellement marginaux et inintéressants qu'on peut les ignorer. On peut au contraire inverser la perspective et dire que la mondialisation libérale dit la norme par le sort qu'elle fait à la majorité des humains : les contrats de travail restent très stricts dans l'entreprise et ils se doublent souvent d'un nouveau contrat de la part des gestionnaires, affectif cette fois, et formulé unilatéralement ; les formes d'autonomie attribuées aux acteurs dans le travail sont souvent des formes de domination plus dévastatrices que précédemment, notamment en termes psychologiques, et le management "harcèle" de plus en plus "les personnes"[131] ; les logiques fordistes et tayloriennes se sont par ailleurs renforcées dans les services – et ce pourraient être alors les caissières de supermarché de France et de Navarre, comme les travailleuses du textile indonésien et leurs conditions insensées de travail, qui feraient la norme.

Retenons une dernière idée en conclusion : cette "montée" de l'individualisme hypermoderne n'est pas d'un bloc, il est une réalité très différenciée selon les individus et les groupes, il est une libération assumée ici, une forme de manipulation de l'autre là-bas – en bref, il n'est pas qu'une valeur émancipatrice mais aussi un moyen de gouvernement. De même, ces couches nouvelles qui font leur cette exigence d'individualisme la transcrivent en valeur et en devoir de façons très différenciées, indiquant d'une autre façon que la revendication individualiste ne constitue ni une morale de vie ni une politique. Face au social avec ses perdants et ses gagnants, face à notre monde commun menacé ou en passe de créer ses premiers cyborgs, face aux pratiques multiples de la techno-science et à des choix de valeurs ouverts, apparaît une variété d'attitudes et de réponses – les mutants, nous l'avons dit, qui s'opposent joyeusement dans leurs discours, leur éthique et leurs actes à Jonas, Habermas et à

---

131. Dupouey (2002) est le plus incisif sur cette situation de travail. Savignac et Waser (2003) parlent pour leur part d' "*ingestion de la personne par le projet*" dans l'e-économie du Sentier.

leurs héritiers ; ou les partisans de l'individualisme économique radical (façon Thatcher) qui s'opposent aux militants des ONG développementalistes ou de l'alter-mondialisation. La gamme des possibles reste grande, la place du politique ne s'est pas réduite – même si, du fait des évolutions des techno-sciences, nos modes d'action doivent être repensés. Car nous sommes entrés dans un type de régulation techno-social et économique assez neuf ; les formes mêmes de l'action politique doivent être revues, ce à quoi je vais m'atteler dans le dernier chapitre.

Chapitre 5

La (techno-)science entre marché et inquiétudes sociales : quelle place pour une politique ?

Le monde des Trente Glorieuses est largement révolu, notamment en ce qui a trait aux sciences, à la place de l'État dans le fonctionnement social et économique, et donc aux formes de politique (notamment scientifique) qui ont alors pu exister. Dans ce dernier chapitre, je reviendrai sur cette question des politiques possibles, ou plus exactement des *principes* qui pourraient régler de telles politiques. Pour commencer, je vais rappeler les principales conclusions auquelles je suis arrivé.

Une brève rétrospective

(1) Dans les sciences – ou plus exactement dans le champ très hétérogène des techno-sciences industrielles et universitaires – on peut insister sur plusieurs nouveautés. La première concerne le vivant et sa maîtrise au niveau moléculaire, une maîtrise dont les prémices datent du milieu des années 1970 avec les premières manipulations génétiques américaines. Si la maîtrise de la matière inanimée par les physiciens remonte aux années 1890 avec la découverte et la manipulation de l'électron, les biotechnologies moléculaires ne datent que des dernières décennies. Les conséquences en sont toutefois beaucoup plus décisives puisqu'elles impliquent le rapport à notre propre corps, à la reproduction humaine, à la définition de la vie et de l'espèce ; qu'elles mettent en jeu notre rapport aux autres êtres vivants, à l'agriculture et à notre alimentation ; qu'elles nous offrent une capacité de maîtrise du monde qualitativement supérieure et inconnue dans ses conséquences tant sur la "nature" que dans l'ordre éthique et celui du social. Notre responsabilité dans les grands équilibres planétaires s'est accrue comme

les conséquences environnementales de nos actions – via la génétique et nos pratiques industrielles et commerciales gagées sur des usages non précautionneux de l'externalité qu'est l'environnement.

La seconde nouveauté, dans les sciences, est celle des outils mathématiques et des moyens de calcul dont nous disposons et qui ont conduit à la création d'un nouvel univers de jugement – je veux parler des modélisations des phénomènes complexes. Le cas le plus connu est certainement celui des simulations du changement climatique qui incluent les effets de nos activités sur ces évolutions elles-mêmes, et une estimation des conséquences de nos politiques (possibles) sur ces effets. Ces gigantesques programmes offrent une manière d'appréhender le complexe humain/nature qui est sans contrepoids (je veux dire que ces modélisations créent le problème et ses solutions et qu'il n'existe pas d'autre moyen d'en juger), ils conduisent à dire ce qu'est le réel, à le définir, ainsi qu'à dire les décisions et choix politiques qui s'offrent à nous.

On notera enfin une multiplication très grande des approches dans les sciences, un affaiblissement des grands principes, et notamment un desserrement de l'orthodoxie réductionniste. Si la science des Trente Glorieuses a comme emblème la physique, et en particulier la physique des particules, celle d'aujourd'hui admet plus souvent (même si les biotechnologies sont les héritières directes du grand mouvement réductionniste de laboratoire) une variété de modèles et de pratiques disciplinaires, de modes de travail et de sélection des problèmes et des outils, champs où domine souvent le pragmatisme le plus extrême au nom de l'efficacité et de principes épistémologiques d'ordres très divergents (comme ceux de la physique du sac de billes et du tas de sable, pour reprendre l'expression d'Étienne Guyon[132], ou celles du "chaos").

---

132. Guyon (1994).

(2) La seconde transformation majeure que nous avons connue dans les trois dernières décennies est celle des régulations productives, économiques et politiques. Nous sommes passés de systèmes massivement régulés par des États nationaux (démocratiquement élus au Nord) – régulations macro-économiques, régulations des relations sociales et de travail par des législations nationales et des formes de co-gestion, politiques de partage des bénéfices de la croissance, etc. – à des systèmes régulés à des niveaux différents et par des instances dont certaines n'ont plus de relations simples avec les entités géopolitiques habituelles (régulations du commerce et des rapports Nord/Sud par l'OMC, le FMI ou la Banque mondiale, régulations européennes par la Commission, marchés financiers déconnectés des règles nationales, etc.) Nous sommes passés de volontés d'intégration (politique/sociale/économique) sous incitation et contrôle de démocraties nationales (on peut prendre, en France, la période gaulliste et ses politiques scientifiques, technologiques et industrielles intégrant les entreprises dans le développement du pays) à des logiques dont les cohérences ne relèvent plus d'un centre privilégié, qu'il s'agisse de l'État, du bien public ou de la nation.

Ce passage à un régime libéral à dominante financière s'accompagne bien sûr d'une transformation des modes de production des sciences et des savoirs. L'université et ses disciplines constituées ont perdu leur centralité dans les sciences dures, les intérêts présents dans le champ de la recherche (et de la production) industrielle se sont multipliés et hybridés, ils ont conduit à une prolifération d'institutions nouvelles et les définitions de la propriété intellectuelle et du brevetable ont été transformées. Des droits de propriété ont été accordés sur des recherches de plus en plus fondamentales et en amont de l'innovation proprement dite et les contraintes d'utilité et d'usage justifiant du dépôt d'un brevet ont été rendues très lâches. Le résultat en est une autre définition du scientifique comme être social, une extension du contrôle marchand sur les savoirs eux-mêmes, une autre dynamique et d'autres institutions pour la production des connaissances – ce qui conduit à devoir repenser profondément ce que peut signifier une politique en ce domaine.

(3) Depuis trois décennies, les transformations de fond ont aussi été le fait du social, ce dont rend compte la réémergence de la notion de "société civile" et les discours nombreux sur la montée de l'individualisme. Cette mutation se repère autant dans l'analyse de la "composition" de la société et de sa géographie (montée des groupes à fort capital scolaire, recul des populations de cols bleus, etc.) que dans la transformation des subjectivités sociales et politiques (pertes d'identités douloureuses dans la classe ouvrière, montée des exigences des "bobos", les nouveaux bourgeois-bohêmes, et des "lilis", les libéraux-libertaires). Le compromis des Trente Glorieuses repose sur une vision largement "classiste" de la société et ce sont les représentants des divers intérêts définis en termes socio-économiques (patronaux, ouvriers, commerçants, etc.), groupements dûment identifiés par la science sociale (les catégories socioprofessionnelles en France), qui structurent la vie politique et le fonctionnement de l'État (via les commissions paritaires par exemple). Les experts (qui ont partie liée avec l'appareil d'État et viennent souvent des grands corps) militent pour le bien commun et leurs décisions (techniques) ne relèvent pas du débat public.

Aujourd'hui, les certitudes sociales ne sont plus les mêmes. La croyance au progrès continu et naturellement positif est érodée ; le bien supérieur du collectif incarné par les grands commis de l'État tend à se raréfier devant l'attraction du "marché" et la rationalité de la science et de l'action publique sont contestées. On se défie de bien des évolutions techno-industrielles (nucléaire, clonage), on craint les déficiences des modes de régulation en place (sang contaminé, "vache folle"), on récuse le bien-fondé de décisions prises par des experts ne rendant compte de leurs décisions qu'aux seuls gouvernants (gestion des dossiers de l'amiante ou du nucléaire). Les militantismes et les solidarités sociales se transforment, leurs formes d'action se différencient (Restos du cœur, Act Up, DAL) et les politiques de développement glissent massivement, au niveau international, des acteurs d'État aux ONG. La revendication individualiste devient une valeur première même si elle reste très variée : elle va en effet de l'individualisme bien compris du PDG exigeant des fortunes en *stock options* à la revendication d'une totale liberté de se faire cloner ou de vendre son corps, du refus du statut d'assisté (que dispensent les États dans les Trente Glorieuses) à l'exigence de "participation" à tous les niveaux des décisions publiques (organisations de conférences de citoyens ou de consensus) et à des formes d'existence psychique nouvelles.

Ce rappel sommaire dit ce qui semble avoir été la rupture la plus significative entre la fin des années 1960 et le début des années 2000. Je souhaiterais maintenant regarder vers le futur et énoncer quelques règles d'actions possibles. Commençons par la question de ce que peut encore signifier "penser une politique de la recherche".

Penser des politiques de la recherche ?

Le point de départ a déjà été énoncé – à savoir qu'il n'est pas d'autonomie du champ scientifique lui permettant de dire seul ce qu'est la nature des problèmes à résoudre. Face aux questions très complexes que nous avons à considérer (l'ESB par exemple), le scientifique est rarement en position de dire ce qui est certain et ce qui ne l'est pas, sauf sur les choses les plus simples. La preuve en est la variété des opinions et la prudence de la plupart des spécialistes, et le fait que les disciplines s'opposent souvent sur ce qui importe. Le savant ne dispose pas non plus d'une légitimité particulière lui permettant de dire où se situe le débat, il ne peut énoncer la gamme des solutions entre lesquelles il faudrait choisir. Celles-ci ne sont en effet pas d'abord techniques mais supposent la définition de choix de vie : dans le cas des OGM, par exemple, le choix d'une agriculture productiviste, biologique ou "paysanne", pour reprendre le terme de Dufumier. Le corps social a ses raisons à faire valoir quant à ses choix et préférences, au Nord comme au Sud, et il est légitime qu'il ait son mot à dire sur les études à entreprendre et sur leur "cadrage".

Affirmer ce principe avec force n'implique toutefois pas que, dans les cas où la techno-science est directement impliquée dans la production des phénomènes (ou le déclenchement des crises), la recherche scientifique et technique, dans les laboratoires et sur le terrain – comme dans ses diverses composantes et avis contradictoires – ne puisse pas contribuer de façon décisive à l'analyse du problème et à l'élaboration de solutions. Affirmer le contraire serait ridicule. Se pose alors la question des principes pouvant guider une ou des politiques collectivement utiles de la recherche.

Garantir la pluralité des institutions

Le premier principe pouvant régler une politique de recherche anticipant l'inattendu et l'incertitude propre à nos systèmes techno-scientifiques doit être qu'il est bon de garantir au mieux la pluralité des institutions productrices de savoir, de faire que les cadres organisationnels et les systèmes de valeur dans lesquels la recherche se déploie soient les plus ouverts possibles. Si l'on admet qu'une tendance forte est aujourd'hui à l'uniformisation des structures de production des connaissances à travers une soumission aux règles du marché, et que les connaissances tendent à devenir d'emblée des biens privés, imaginer les moyens de redonner de l'hétérogénéité et de l'hétérodoxie aux multiples programmes de recherche et résultats semble de bonne politique *a priori*. Je ne suis en rien nostalgique d'un bon vieux temps en proposant ce principe, et je ne pense pas que la science publique soit par nature indépendante. Cette indépendance est illusoire à des tas de titres (est-elle indépendante des intérêts propres des chercheurs ? Est-il bon d'être indépendant des demandes sociales ?) et la science publique produit ses propres points aveugles. La cohabitation plus forte des régimes de science publique et de science privée en limitait toutefois les effets dans la période précédente. Ce qu'il est important de noter est que chaque type d'espace social produisant des savoirs toujours définis de façon particulière, chaque espace modelant (consciemment ou non) les programmes et les objectifs poursuivis – et donc ce qu'on étudie *et ce qu'on oublie* – la domination d'un seul type de logique de validation est socialement et intellectuellement préjudiciable.

Dans le contexte actuel, et de façon pragmatique, ce principe me semble devoir se traduire par une défense de l'autonomie institutionnelle, financière et intellectuelle des structures universitaires classiques vis-à-vis des lois et contraintes du marché ; ou du moins convient-il qu'une telle option puisse être laissée complètement ouverte. Il doit aussi se traduire par une volonté de ne pas diriger ou orienter trop fortement les recherches qui s'y déroulent, ou du moins d'être ouvert à la variété des demandes sociales et de ne pas s'aligner systématiquement, au nom d'une compétitivité étroitement conçue, sur les évolutions dominantes (ce principe est à destination des institutions comme le CNRS, l'INSERM ou l'INRA, grandes pourvoyeuses de directives incitant au contraire à se lier par tous les moyens au "développement industriel ou économique"). Ce principe doit enfin conduire à soutenir la création de centres de recherche de type associatif, dépendants de groupements divers de la société civile, et mus par la défense d'intérêts autres que ceux du commerce ou ceux des institutions d'État. Je pense à l'importance qu'a eu historiquement la CRIIRAD en France en matière nucléaire, évoquée au chapitre précédent, à l'Association française des myopathies et à son rôle dans le déploiement de recherches et de relations sociales originales, mais aussi aux groupes activistes du type Act Up qui constituent des centres d'expertise et de vigilance vis-à-vis des pratiques de recherche et de gestion des professionnels de santé et des compagnies pharmaceutiques[133]. Pour ceux

133. Sur l'AFM, voir Rabeharisoa et Callon (1999).

qui ne seraient pas convaincus de l'importance de protéger de telles expertises lorsqu'une seule logique tend à devenir dominante, je n'évoquerai que ce que la recherche biomédicale laisse de côté comme maladies chroniques lorsqu'elle a du mal à les ramener aux paradigmes dominants de la science (le réductionnisme du laboratoire pharmaceutique), ou lorsque ces maladies ne relèvent pas d'un marché solvable. Des expertises scientifiques et des champs de recherche peuvent ainsi être amenés, du fait de l'économie des savoirs, à rester en jachère ou à disparaître au moment même où un accident, une crise environnementale ou un retournement conceptuel majeur exigeraient leur mobilisation urgente – comme l'ont bien montré les cas du SIDA ou de l'ESB.

En dehors des accidents et crises majeures, la question garde toute sa pertinence – par exemple lorsque certains groupes de la société civile (voire l'État lui-même) envisagent des travaux de recherche préventifs. Un exemple canonique est ici celui des OGM, domaine dans lequel la domination des grandes sociétés de l'agroalimentaire est telle que les savoirs sont infiniment partiaux (dans le sens où certaines questions ne sont jamais étudiées) et la capacité de produire des connaissances profondément asymétrique. D'un côté, Monsanto, Novartis et quelques autres disposent de milliers de chercheurs développant un OGM après l'autre au laboratoire – produits qu'ils souhaitent mettre sur le marché le plus vite possible, quels que soient les avantages et les risques potentiels ; de l'autre, pour ne prendre qu'un exemple, quelques poignées de généticiens des populations essaient de juger des effets de ces nouveaux produits en contexte, un travail qui requiert des années sur le terrain (ainsi qu'un effort de modélisation) pour aboutir à des résultats significatifs. Les ancrages disciplinaires et les outils de ces groupes diffèrent ; ce qui compte comme une garantie qu'on maîtrise les conséquences de ses actes diffère également (le "terrain" par opposition au "laboratoire", la création de mutations génétiques dont le contrôle est gagé sur les techniques de production par opposition à une étude des effets *effectivement* produits et qui sont mesurés *in vivo)*. De façon plus globale, la question pourrait être que l'immense majorité des chercheurs (qu'ils relèvent du secteur public ou du secteur privé est ici secondaire) travaille dans le paradigme réductionniste et aborde donc les questions sous l'angle quasi-exclusif de l'expérimentation artificielle en laboratoire – au moment même où la prise en compte d'approches complémentaires et plus globales semble indispensable.

Dans le même ordre d'idées, on pourrait en appeler, dans certains contextes, à l'*ethos* (bien passé de mode) de la science ouverte. Certes, à nouveau, il n'est pas dans mes intentions de faire croire que cette éthique tant vantée dans certains cercles scientifiques et sociologiques des années d'après-guerre (je pense aux travaux des deux grands sociologues américains de l'après-guerre que sont Robert Merton et Joseph Ben David) fut toujours de mise dans l'université et que c'est elle qui a garanti la qualité des résultats ; je crois au contraire que cette image est trop belle pour être vraie, que la compétition pour la survie scientifique, la gloire (et l'argent) a souvent mis cette éthique à mal, et que la question de l'objectivité des savoirs n'en relève pas principalement. En revanche, dans la situation actuelle où dominent des logiques transversales par rapport à cet *ethos* (au nom d'une certaine efficacité, de l'exigence de compétitivité internationale, de l'urgence de promouvoir les scientifiques-entrepreneurs), il n'est pas superflu de s'intéresser à nouveau à lui. Non pour la promotion d'une morale qui serait au dessus des contingences de la vie matérielle et sociale, mais pour aider au déploiement d'autres formes d'efficacité sociale, d'autres logiques et d'autres normes. Mon propos n'est pas de dire qu'il conviendrait de restreindre les logiques propres de la recherche privée, mais de dire que, notamment dans les situations d'urgence ou lorsque des scientifiques ou une part du corps social (même minoritaire) émettent des doutes quant aux certitudes émises par d'autres, cette éthique doit retrouver une certaine actualité. Il s'agit à nouveau d'un acquis décisif du travail réalisé par Hermitte et Dormont que d'avoir montré combien les politiques de rétention de l'information au sein même des milieux scientifiques (pour des raisons diverses comme la défense des intérêts nationaux) ont été systématiques et dommageables dans les premières années de l'épidémie d'ESB. Le cas n'est malheureusement pas isolé et n'a aucune raison de l'être : qu'on pense, pour s'en convaincre, à l'aveuglement ou à la désinformation autour de la question de l'amiante, cas exemplaire en France dans sa caricature.

Science du Nord, science au Sud

Pour les pays du Sud et leur développement, la question est tout aussi vitale. Devant l'échec assez fréquent des démarches de la techno-science du "centre" (entendez des pays les plus puissants) dans ces pays, il me semble qu'il faut réaffirmer, avec Alain Ruellan ou Marc Dufumier, la nécessité de revenir à un travail de terrain visant d'abord à mieux connaître la diversité des situations et des milieux, à privilégier le travail d'enquête et d'observation des pratiques en place sur les pratiques de laboratoire, et à favoriser la multiplication des lieux de savoir et leur distribution géographique, contre l'idée que nous pourrions, au Nord, tout prévoir et imaginer la solution universellement valide. Il conviendrait d'encourager une interdisciplinarité impliquant toutes sortes de métiers (dont ceux des sciences sociales), et de développer ces savoirs en débat intime avec les savoirs locaux et les demandes des acteurs et de leurs organisations. Plutôt que de penser à développer au Nord de toujours nouvelles variétés correspondant à notre imaginaire et nos idéaux abstraits (le plant idéal de café à forte productivité... mais qui ne tiendra ses promesses que s'il est entouré de tous nos outils techniques, ce qui sera lourd à mettre en place ou aura des coûts et des conséquences sociales lourdes), il pourrait être préférable d'imaginer des collaborations localement adaptées aux demandes et pratiques des populations. Par exemple, on pourrait, selon Marc Dufumier, aider à développer, pour telle communauté bolivienne, un caféier suffisamment haut pour permettre, sous ses branches, la pâture des animaux.

Pour les pays du Sud, je crois qu'il est sage qu'ils suivent l'exemple des pays du Nord et ne prennent pas au pied de la lettre les discours que ceux-ci déploient à leur intention. À l'image des États-Unis défendant leur industrie sidérurgique ou de l'Europe défendant son agriculture, ils doivent savoir se protéger. Cela est notamment vrai pour les questions agricoles (dont rien n'indique qu'il est sage, vu leur centralité en termes sociaux, de les traiter comme n'importe quelle autre activité de production) – et ce sont d'ailleurs ces politiques qui ont été mises en œuvre dans le cas des pays du Sud qui ont "réussi" (les exemples parfaits sont ceux de Taïwan ou de la Corée du Sud dont les agricultures ont toujours été totalement protégées). Savoir refuser l'ouverture de ses frontières peut aussi être important en matière de santé publique – un bon exemple étant ici le cas du Brésil et des génériques de lutte contre le sida. Le Brésil a certes précisément respecté le droit des brevets, mais il a développé "un programme public de prévention, de dépistage et d'accès au traitement par une production nationale [de masse] de médicaments génériques" pour lequel l'État a joué un rôle régulateur et incitateur. Devant la gravité de la situation, le Brésil n'a pas choisi la seule approche du marché et a mis en œuvre une intervention de l'État au côté des sociétés privées fabricant les génériques. Le résultat a été une contribution décisive de ce pays à la chute vertigineuse du coût des trithérapies – même s'il n'est pas le seul, les fabrications indiennes semblant elles aussi importantes – et au fait que la moitié des personnes traitées au monde dans les pays à bas revenus vivent au Brésil[134].

134. Benkimoun (2002).

L'ordre de l'expertise et le débat public[135]

La science n'est pas le point nodal autour duquel doit se concevoir et s'organiser l'analyse, nous l'avons dit et répété. Le processus d'expertise – au sens d'une étude systématique menée par un groupe (d'experts) en vue de préparer une décision politique – ne l'est pas plus. Dans le monde d'aujourd'hui, l'idée que l'expertise ainsi définie serait à la fois la forme la plus efficace pour choisir de façon rationnelle, et une forme socialement acceptable, est largement inadaptée (elle l'est tellement que les institutions d'expertise elles-mêmes en ont pris acte – qu'on regarde, pour s'en convaincre, la dernière composition de la Commission du génie moléculaire[136]). Comme ci-dessus, toutefois, dire ces limites n'équivaut pas à dire que l'expertise formellement organisée en vue de décision n'a aucune raison d'être, bien au contraire. De la même façon que la recherche a un rôle à jouer et qu'il convient donc d'en penser les multiples mises en œuvre, l'expertise est et restera importante, et il convient d'en évaluer les principes.

Une évidence connue de tous et déjà évoquée est que l'expertise à finalité politique, l'expertise qui vise à préparer des décisions et des choix, ne peut pas être un processus neutre politiquement. Le croire est une illusion engendrée par la philosophie spontanée des savants et les discours épistémologiques banals – comme par la techno-science industrielle et une large part du monde politique qui trouvent leurs intérêts à ce discours facile opposant étude objective et scientifique du problème et décision par les autorités assumant la responsabilité des choix et décidant de ce que sont les risques socialement acceptables. Cette division légitime les deux groupes et permet de limiter les interférences avec l'extérieur. En fait, on l'imagine bien, le contrôle des formes

---

135. Ce qui suit n'est qu'un travail de mise en forme personnel à partir de Hermitte (1998), Jasanoff (1992), Joly (1999, 2001), Noiville (2001), Van Der Sluijs *et al.* (1998) et beaucoup d'autres.

136. Roy (2001) et travaux en cours de Christophe Bonneuil.

précises du processus d'expertise est un enjeu majeur puisqu'il suppose une hiérarchie des pouvoirs, une image de la manière dont doit fonctionner le social, et la définition de normes collectives et individuelles. Seconde idée : il ne s'agit pas non plus de définir dans l'abstrait la procédure idéale et définitive – et certainement inapplicable au cas par cas. Cela ne signifie toutefois pas que l'existence de règles formelles et contraignantes soit sans importance. J'évoquerai donc quelques principes de base devant structurer l'essentiel des procédures à mettre en œuvre en matière d'expertise formelle. Mon intention ici n'est pas d'être complet, ni original. Elle est plutôt de confronter de nombreux travaux et *d'insister sur les tensions, les effets pervers et les contradictions* qui peuvent être générés par la mise en œuvre des principes eux-mêmes. Le monde social est contradictoire par nature, dans ses intérêts comme dans ses valeurs, il ne peut exister de forme parfaite et toujours satisfaisante de gestion du bien commun, et la fonction du politique est précisément d'organiser le débat autour de ces différends qui n'ont pas de solution fondée sur la seule science[137].

La question de l'indépendance des experts

Le premier principe imaginable par tout un chacun est celui de l'indépendance nécessaire de l'expert. L'idée est cruciale en termes de principe (et les principes comptent énormément puisqu'ils permettent de "tenir" les experts) même si nous savons d'emblée qu'elle n'est pas applicable. Les savoirs théoriques et pratiques, et donc une capacité d'expertise efficace, ne se gagnent qu'en étant actif sur le terrain, et il n'existe pas de savoir de pointe qui puisse s'acquérir hors d'engagements précis et socialement déterminés. Pour être pleinement indépendant, l'expert devrait être hors de tous les enjeux, ce qui lui ferait rapidement perdre contact avec son sujet. Comme objectif, intention ou principe idéal, l'indépendance est pourtant primordiale et les procédures

137. On lira la phrase de Ricoeur (1991) en exergue de ce texte.

doivent inciter à faire émerger une telle *attitude* (à défaut de pouvoir la rendre obligatoire). Pour reprendre des propositions souvent faites, on peut par exemple demander des déclarations d'intérêt écrites, engageant leurs auteurs (l'expert doit dire publiquement pour qui il travaille, les "intérêts" auxquels il est lié) ; on peut imposer à l'expert de devoir répondre très explicitement à des questions, selon un canevas dont il n'est pas le maître – afin d'éviter qu'il ne puisse, par des formulations idoines, échapper à certains énoncés embarrassants pour lui ; on peut lui imposer de devoir justifier ses recommandations et de devoir se prononcer personnellement et publiquement sur elles, ce qui engage sa personne et peut limiter la désinformation ou les déclarations à demi-mot. Il s'agit en quelque sorte d'édicter un code de bonne conduite, un *vade-mecum* du bon expert faisant confiance aux individus. Il ne s'agit pas de croire aux seules vertus des appels à la droiture morale et d'imaginer, par exemple, que la désinformation n'existera plus (elle persistera, étant donné le mélange des genres). Il est de combiner cette confiance avec une *vigilance* indiquant tout manquement. On retombe ici sur l'intérêt qu'il y a à faire jouer des principes moraux et à "saisir" les acteurs à travers eux.

La confrontation publique et organisée des avis

Le second principe souvent évoqué (qui relève de la *Realpolitik* puisqu'il organise le scepticisme et ne repose pas sur un principe de confiance *a priori*) est celui de la confrontation formellement organisée des avis experts. L'idée est ici de multiplier les points de vue, de forcer à la formalisation des avis divergents, et *de ne pas commencer par le consensus*. Avoir un débat est en effet un enjeu puisque certains acteurs – ceux qui occupent de fait des positions de pouvoir – peuvent préférer l'éviter. Du point de vue des disciplines scientifiques, par définition étroites et sélectives dans la formulation des problèmes qu'elles choisissent (c'est cette auto-limitation qui fait leur force au laboratoire), l'idée de confrontation signifie d'abord être multidisciplinaire. Non parce qu'être multidisciplinaire serait bien par principe (il s'agit là d'une autre vieille lune à oublier) mais parce que les problèmes à résoudre, lorsqu'ils sont formulés de l'extérieur par le politique ou le corps social, relèvent en général de qualifications et de spécialités multiples. Une pluridisciplinarité universitaire ne peut toutefois suffire. Elle doit être accompagnée, le point est maintenant trivial lui aussi, d'une ouverture sur les divers corps de pratiques professionnelles impliquées par le problème, sur les divers métiers (éleveurs, vétérinaires, ingénieurs de production, etc.) Finalement cette confrontation, pour être efficace, a tout intérêt à intégrer des représentants des diverses branches de l'appareil d'État et de l'administration en charge des décisions et du suivi, ainsi que les divers groupes d'intérêts impliqués par la question (il n'est pas utile de faire comme s'ils n'existaient pas).

Ce deuxième principe contient l'idée du contradictoire qui est à construire (on ne peut laisser l'organisation du processus de confrontation à l'initiative individuelle, le risque étant que les plus puissants le modèlent au gré de leurs intérêts). L'organisation méthodique de la confrontation peut se décliner (et se décline de plus en plus dans les faits) en plusieurs règles : les avis, thèses et scénarios doivent être poussés à leurs limites ; ceux-ci doivent être mis à disposition des contradicteurs et leurs avocats être tenus de répondre aux objections ; tous les avis doivent être motivés, rendus publics et engager les individus afin qu'une responsabilité soit endossée ; la publication finale doit respecter les avis minoritaires qui ont à être inclus dans la publication ; la désinformation doit pouvoir être sanctionnée et les minoritaires protégés. L'intérêt de ces règles est d'éviter les manipulations et les jeux trop faciles d'autorité lors des débats et de la mise à disposition publique des résultats. Hors de l'expertise, cette exigence démocratique de transparence reste vraie ; il ne serait donc pas aberrant d'en penser la mise en œuvre dans les instances supranationales et européennes.

Cette exigence du contradictoire dans le débat expert est inspirée (explicitement le plus souvent) des pratiques judiciaires. La démarche peut toutefois présenter des inconvénients. Si la confrontation formellement menée des points de vue et scénarios est fort utile lorsqu'il s'agit de régler des questions de grande ampleur qui se négocient à des échelles nationales ou internationales (c'est malheureusement à ce niveau que le manque est le plus criant, que l'opacité est la plus forte), elle peut en revanche induire des effets pervers indésirables lorsqu'elle est transcrite sans précaution dans le cadre d'affaires locales (où beaucoup sont prêts à la transcrire sans attendre). Lorsque l'affaire concerne une communauté de vie (un village par exemple), une procédure aussi explicite dans l'énoncé des différences peut exacerber et polariser inutilement les positions ; elle peut durablement perturber les relations sociales et ainsi gêner l'émergence de ce qui est finalement visé : un consensus nouveau et largement accepté[138]. Ainsi, bien que ce second principe soit capital, il doit être mis en œuvre de façon que, toutes les fois que c'est possible, il ne joue pas contre le processus d'expertise en tant qu'il est un processus *d'apprentissage collectif*[139].

L'organisation de la participation "citoyenne"

Le troisième principe veut que les citoyens ordinaires puissent être des participants à part entière du processus et qu'ils puissent contribuer à la production des savoirs experts. L'idée qui fonde ce principe est que c'est un avantage pour tout savoir d'être construit à partir de cadres d'analyse multiples ; que c'est un avantage de multiplier les acteurs-auteurs et leurs points de départ ; que le problème n'est pas, en ces matières qui excèdent infiniment ce qui se passe au laboratoire, de dire LA vérité de choses bien délimitées puisque simples et maîtrisées, puis de la transmettre. Contrairement à ce qu'on pourrait imaginer lorsqu'on se sou-

138. Pour une critique stimulante dans cette direction, voir Hatchuel (à paraître).

139. Sur la notion de processus d'expertise comme apprentissage collectif, voir Pierre Lascoumes (2001).

vient de l'extraordinaire difficulté qui fut souvent la nôtre à l'école, dans les classes de science, mais comme l'ont montré un très grand nombre d'études traitant des controverses autour de l'amiante, du SIDA ou du nucléaire, les "gens ordinaires" sont capables d'une acculturation profonde à une question technique *lorsque cela leur importe*. Parce qu'ils arrivent d'ailleurs et avec des préoccupations différentes des scientifiques, ils sont alors capables de déplacer des problématiques, de proposer d'autres normes de jugement, de suggérer d'autres pistes et programmes de recherche, de contribuer à l'élaboration de connaissances en décalage par rapport à ce qu'auraient fait les seuls experts scientifiques. Ce point est délicat à saisir pour beaucoup d'intellectuels scientifiques qui y voient une sorte de mode populiste sans réelle portée ni contenu.

Pour rendre l'expertise efficace dans son travail d'enquête, il peut aussi être important de pouvoir *contraindre* les acteurs sociaux à répondre aux questions et à fournir des informations. Dans la mesure où cela s'oppose à des principes essentiels qui sont liés à la protection des droits fondamentaux des individus, de la propriété privée et du commerce, il convient toutefois de réfléchir très précisément aux situations dans lesquelles de telles procédures pourraient être mises en place. Il est en effet capital – c'est le principe premier fondant ma réflexion – *que soit préservée l'autonomie des divers régimes de dévolution des biens*. Si le politique (qu'il opère dans le cadre d'une démocratie dialogique et participative ou selon le mode électif classique est ici secondaire) devenait le mode quasi-exclusif de régulation (et exerçait donc un contrôle sur le fonctionnement des marchés, ou limitait les formes de promotion méritocratique par exemple), nous arriverions à des formes de monopolisation du pouvoir et d'exclusion certainement très violentes et à des catastrophes. L'inverse est toutefois tout aussi vrai – nous le savons et le constatons tous les jours – ce qui explique mon attachement à l'existence reconnue et organisée de contre-pouvoirs forts à ceux du marché, contre-pouvoirs ancrés, tant dans la "société civile" et ses pratiques multiples (celles de la démocratie "dialogique" ou celles des ONG) que dans la politique démocratique délégative organisée autour d'États dotés de réels pouvoirs[140].

Il est donc préférable que d'éventuelles contraintes soient précisément encadrées d'un point de vue légal. Dans des circonstances exceptionnelles, toutefois, il pourrait être possible de s'appuyer sur des déclarations publiques d'état d'urgence – à l'image de ce qui se produit lorsqu'on décrète un état de catastrophe naturelle – déclarations qui pourraient constituer le cadre légal dans lequel des pouvoirs étendus d'investigation pourraient être conférés à des juges et à des comités d'enquête[141]. Obligation légale pourrait alors être faite à tous les acteurs de "faire connaître" ce qu'ils savent sous peine de sanctions ; une mobilisation exceptionnelle de la recherche pourrait être décrétée et le principe commercial de confiance réciproque momentanément suspendu. Finalement, les procédures de suivi et de traçabilité pourraient être activées et les possibles contingences au niveau de la production (ou les malversations volontaires) repérées, éliminées et/ou poursuivies.

Accepter les limites de nos constructions institutionnelles

J'ajouterai que, par-delà le processus d'expertise formellement organisé, il est essentiel de réserver un espace pour la contestation extérieure. Si l'on tient à nouveau qu'une société n'est pas un ensemble nécessairement harmonieux où tous les acteurs et groupes sociaux ont la même facilité d'accès à la parole et au pouvoir, si l'on tient que rien ne fera jamais qu'on intègre tout un chacun et que bien des

140. En bref, je fais parfaitement mienne la thèse qu'exprime fortement Fitoussi (2002). Voir en exergue de ce livre.

141. Hermitte et Dormont se font les avocats d'une telle possibilité en cas de crise sanitaire ou environnementale majeure, nous l'avons dit.

acteurs se retrouveront souvent (ou choisiront de rester) en position réactive – en bref si l'on comprend qu'une société ne sera jamais un monde sans heurt et que le conflit n'y est ni un accident ni un malheur – on doit proposer un dernier principe à l'organisation de tout acte d'expertise, aussi largement entendu soit-il : *considérer la contestation extérieure (ou sauvage[142]) comme à la fois légitime et normale*, comme un bien potentiel – l'histoire des dernières décennies ayant montré que bien des idées discutées dans cet article, et finalement intégrées comme savoir commun, ont d'abord eu leur origine dans une contestation qui n'arrivait pas à se faire entendre par les canaux normaux. À moins de devenir soudainement très confiants dans l'espèce humaine, le social et le fonctionnement de nos institutions scientifiques et politiques (ou dans les vertus des principes que je viens d'énoncer), nous pourrions considérer que ce principe gardera de sa pertinence dans le futur.

Je conclurai cette section en rappelant que la confiance et l'acceptabilité sociale ne se décrètent pas, qu'elles se construisent à travers des procédures claires et une transparence en continu, et que le travail des comités d'experts, même idéalement mené, ne peut se substituer au débat et à l'assentiment social s'exprimant par les canaux les plus divers, constructifs ou "sauvages". Il faut aussi savoir que la confiance dans le travail de ces comités de nature multiples est une œuvre de longue haleine, qu'elle est un ouvrage à toujours remettre sur le métier, comme l'a été en son temps l'acceptation de la démocratie. En ce sens, son rapport au pouvoir démocratiquement élu est une question centrale : si celui-ci n'agit pas avec constance en ces matières, aucun apprentissage ne se fera et l'instabilité du social en sera renforcée[143].

---

142. Pour reprendre le mot de Callon, Lascoumes et Barthes, mais dans un sens positif.

143. Pour une analyse fine et suggestive concernant l'expertise et qui montre combien la complexité des choses excède les remarques

Savoirs, articulation des légitimités politiques et démocratie[144]

Dans l'univers de la *Realpolitik*, il est banal que ceux qui sont en position de pouvoir utilisent tous les moyens à leur disposition pour éviter l'ouverture de débats qui les dérangent, et mettent en œuvre des stratégies de diversion et court-circuitent le débat public aussi idéalement mené soit-il[145]. Si Dasgupta a raison lorsqu'il explique que le marché est structurellement "avide" en termes environnementaux, il peut être justifié de soutenir les économistes qui demandent aux autorités publiques de les aider à estimer "la valeur des services fournis par les écosystèmes" et de les transcrire en termes de régulations[146]. De la même façon, la question des institutions qui doivent disposer du pouvoir décisionnel est centrale. S'il est vrai que le territoire des sciences est aujourd'hui envahi par des "profanes" (un thème cher à Novotny et Gibbons comme à Callon, Lascoumes et Barthes), décider du cadre décisionnel précis pour chaque question est de la plus haute importance. En gros, on ne peut éviter de se poser la question de l'architecture globale du politique aujourd'hui – une question à laquelle je n'entends évidemment pas apporter de réponse très originale (et encore moins complète) mais dont chacun comprendra qu'elle est la question décisive qui devrait nous occuper tous.

Prenons l'exemple du *Codex Alimentarius* et des nouvelles fonctions qu'il remplit depuis que l'OMC a décidé de faire

---

précédentes, on lira Hourcade (2002). Il s'agit d'une expérience d'acteur en matière climatologique de 1985 à 2001. Hourcade montre bien la variété des acteurs et de leurs logiques de travail (scientifiques, économistes, juristes, diplomates), la multiplicité et l'interdépendance des lieux de négociation, les rhétoriques utilisées et les enjeux, la dynamique d'ensemble, etc.

144. Un livre de très haute tenue en ces matières est Roustang *et al.* (1996).

145. Ulrich Beck a toujours bien souligné ce point. Voir aussi Levidow et Marris (à paraître).

146. De telles actions ont déjà cours ; sur la nécessité de redistribuer légalement la charge de la preuve, voir Ulrich Beck (1993).

de lui la référence pour les règles commerciales internationales. Établi en 1962 par l'OMS (Organisation mondiale de la santé) et la FAO (Food and Agriculture Organization), le *Codex* visait initialement à donner les normes de sécurité minimales pour les produits alimentaires. Les gouvernements étaient donc libres, dans leurs aires de compétence, d'imposer des normes plus strictes. Depuis son instrumentalisation par l'OMC dans la seconde moitié des années 1990, les normes fixées par le *Codex Alimentarius* ont changé de signification. Elles définissent dorénavant ce qu'il est légal de demander en termes de qualité à un produit dans le cadre du commerce international – et rien de plus. En bref, et le changement est capital même s'il a été organisé de façon subreptice, le *Codex* est devenu un organe international de normalisation du commerce, et secondairement un organe de santé publique. Imposer des règles plus strictes peut maintenant être attaqué en justice comme pratique commerciale frauduleuse (c'est dans ce contexte que les États-Unis ont décidé de considérer les normes spéciales déjà mises en vigueur en Europe concernant l'usage des hormones dans l'élevage du bétail comme une action commerciale protectionniste). Malgré ce changement de statut faisant du *Codex* un arbitre de fait du commerce international, celui-ci a continué de fonctionner dans une opacité absolue : la question de l'indépendance de ses experts vis-à-vis des intérêts commerciaux et des États n'a jamais été posée, comme n'est toujours pas appliqué le principe du contradictoire ni de la publicité de ses travaux. Si nous croyons que ces pratiques sont contestables d'un point de vue démocratique, que l'OMC n'est pas le forum adéquat pour les questions de santé publique, ou que l'équilibre des pouvoirs réglementaires internationaux devrait procéder autrement (en impliquant autrement les instances élues par exemple), il est de notre devoir de demander l'abrogation de ce privilège et de proposer d'autres modes – question qu'en France le Sénat se posait il y a un an[147].

147. Vincent (1996), Romi (à paraître), Bertrand et Kalafatides

En dehors de cet univers de la *Realpolitik* internationale et des modes particulièrement complexes d'approche des problèmes qu'elle soulève, les conflits de légitimité sont tout aussi inévitables à l'échelon national ou local puisque inhérents à la définition même de la démocratie et au principe électif. Dans le cadre des États-nations (qui sont les seuls espaces où s'exprime la démocratie délégative) et pour les affaires ordinaires et courantes, si l'on peut dire, il existait des règles et des formes (plus ou moins bien) acceptées régulant les conflits et la contestation. L'émergence de nouvelles formes de régulation internationales liées à la mondialisation économique et à l'indépendance qu'elle offre à certains vis-à-vis des choix faits par des États (voir le chapitre 3 à propos des acteurs financiers et de l'extraordinaire autonomie qu'ils ont acquise) ; l'apparition dans les dernières décennies de personnes et de groupes qui ont fait évoluer les règles collectives de décision et donné plus de place aux individus et au débat public (thématique qui est au cœur de notre analyse de la montée de l'individualisme et de la "nouvelle société civile", au chapitre 4) ; la série de crises sanitaires ou environnementales qui ont conduit à une défiance assez large vis-à-vis des régulations politiques de la techno-science industrielle : ces trois éléments ont conduit à réouvrir la question des formes légitimes de l'expression démocratique. Pour un œil non averti, c'est le trop-plein de propositions qui frappe en ce début de XXIe siècle, la multiplication des réflexions et offres : les sites de la Communauté européenne et des entreprises bouillonnent de notes sur la nouvelle gouvernance, nous l'avons dit ; les hommes politiques s'engagent dans des conférences de consensus (celles-ci sont devenues "conférences de citoyens" en France) ; la démocratie technique et participative est sur toutes les lèvres universitaires et dans toutes les librairies – et les actions se multiplient sur le terrain. Toutefois, tout ceci opère sans que soit clairement considérée la manière dont ces modes d'être se conjuguent ou pourraient se conjuguer.

(2002), Bizet (2000).

De fait ils se côtoient, se chevauchent et s'affrontent sans que la question de leur articulation soit prise à bras le corps. *"To behave democratically", or "to have an open and accountable expertise"* (des expressions que j'emprunte aux livres de Nowotny et Gibbons) sont des expressions respectables mais leur traduction concrète est rarement considérée avec attention. Dans les cadres nationaux, les instances régulièrement élues maintiennent de fait leurs prérogatives – ce qui est dans le fil du droit et de la légitimité électorale ; elles continuent de définir normes législatives et réglementaires et elles ne jouent des formes de la démocratie "dialogique" que lorsqu'elles y trouvent un moyen de légitimation nouveau et qu'elles jugent momentanément efficace. Dans le cadre européen et international, la souplesse est d'apparence plus grande, sans qu'il soit acquis que ces formes d'action (très variables, des ONG développementalistes aux divers comités bruxellois par exemple) garantissent une meilleure appropriation de la démocratie.

C'est aussi que le phénomène visant à une démocratie plus directe n'est pas neuf, même s'il s'étend et se renouvelle : le discours autogestionnaire était par exemple (au moins) aussi vif il y a trente ans – une remarque qui ne retire rien aux vertus et tensions (à mon sens, positives) auxquelles ces pratiques soumettent le système démocratique électif[148]. De même, le corps social a régulièrement inventé des formes de négociation et de régulation fonctionnant en parallèle aux structures d'État, et il est dommage que personne n'en ait tenté l'histoire et que nous soyions tentés de réinventer la roue. Ces formes parallèles de régulation sociale et de production de savoirs se sont surtout développées autour de questions locales, la tradition française de la République une, indivisible et gérée d'en haut par de grands corps (dans un contexte de scientisme dominant) ayant peu favorisé cette démocratie "participative". Un cas intéressant est toutefois rapporté par Armand Hatchuel, cas qui donne à penser

148. Gortz (1997).

qu'il est peut-être moins exceptionnel qu'il n'en a l'air. Il concerne les arrangements existant de longue date entre organisations professionnelles de paysans, coopératives de production et compagnies agroalimentaires. La fonction de ces réseaux et arrangements (organisés par exemple autour de la production et de la défense des "grands crus" ou de l'élevage de montagne) est d'aider à la promotion et à la coordination d'un groupe d'acteurs régionaux, de gérer les éventuels conflits et tensions entre intérêts individuels et collectifs, d'établir des normes communes de qualité pour les produits et procédés (s'imposant à chacun mais contribuant à valoriser les produits de tous), voire de contribuer à l'élaboration de nouveaux savoirs. C'est par exemple un réseau de ce type qui a financé et organisé la recherche (finalement positive) contre la pyrale du maïs[149].

Prendre au mot les acteurs

Une solution pour les intellectuels scientifiques que nous sommes – car commencer par soi permet d'être un peu concret à défaut de traiter de la question la plus importante – pourrait être de se demander comment nous pourrions intervenir pratiquement dans ce domaine, et par exemple peser sur les politiques publiques et leur gestion démocratique. Non peser en tant que *savants* disant "la vérité générale des choses" (ce que nous allons continuer à faire puisque c'est notre métier) ; non en tant qu'*intellectuels* critiques dénonçant les injustices sociales, au sens où l'affaire Dreyfus l'invente (ce qui est une spécialité bien connue dans ce pays) ; non en tant qu'*experts* du prince, c'est-à-dire des puissants ou de la "collectivité" (ce que nous pratiquons tout aussi volontiers, de façon plus ou moins publique) ; mais en tant que citoyens, *citoyens scientifiques* agissant de façon constructive avec d'autres à tous les niveaux de la vie sociale et politique. Une idée simple, mais symboliquement très per-

---

149. Ce paragraphe est directement construit à partir de Armand Hatchuel (à paraître).

cutante, est proposée par Daniel Lee Kleinman. Elle n'a de sens précis que dans le cadre américain mais rien n'interdit d'en transcrire l'intention dans le système français. Il propose que les universitaires soient officiellement autorisés par leurs institutions à répondre à la demande sociale, qu'un travail en coopération avec une association ou un groupe local puisse être officiellement considéré comme relevant des "activités de service" (la *tenure*) – et qu'il soit traité par les présidences d'université avec la même attention et bienveillance que les collaborations avec l'industrie. Cela revient à étendre les droits des chercheurs à intervenir dans la vie de la cité, à les autoriser à se lier à la société civile en tant qu'individu ou que groupe de professionnels (pour aider à l'analyse de l'état de la nappe phréatique locale, par exemple, ou pour répondre aux craintes manifestées à propos d'une pollution), à les inciter à multiplier leurs liens avec les acteurs locaux pour imaginer les solutions les plus efficaces et simples techniquement et socialement. Une telle disposition – se sentir personnellement impliqué dans l'élaboration de solutions répondant à des demandes sociales diverses – suppose que les universitaires fassent d'abord l'inventaire des ressources qu'ils peuvent offrir, qu'ils réfléchissent à leurs manières de travailler en interne et avec l'extérieur, qu'ils élaborent les procédures qui seront les leurs. Si ces modes d'être des scientifiques sont peu courants en France, même s'ils se mettent en place dans certaines régions, ils sont plus habituels en Europe du Nord et au Canada où le mouvement des *science shops* est en plein renouveau.[150]

Cette attitude pourrait sans dommage être étendue à d'autres aspects de la vie sociale – et je terminerai sur ce point. Je la résumerai par une formule que j'ai déjà employée et qui

---

150. Kleinman (1998) ; Sclove (1995) et Sclove, Scammell et Holland (1998) offrent la réflexion la plus avancée sur ces points. Pour les boutiques de science, voir les sites web de Community / University Connections, du Coastal Community Network, de la Commission européenne (recherche, science et société), de *Nature* (Naturejobs 412, 5 July 2001), etc. Un travail de ce type est aussi en cours à l'université Louis Pasteur de Strasbourg.

pourrait servir de guide (à côté d'autres plus classiques et relevant de la *Realpolitik*) dans le monde qui est le nôtre aujourd'hui. À savoir, prendre au mot les déclarations d'intention (généreuses) qui nous sont faites en mettant en place des *suivis d'engagements* reposant sur les compétences qui sont les nôtres en tant que professionnels. Je prendrai comme exemple de démonstration les agences de notation sociale dont le nombre se multiplie puisque de plus en plus d'entreprises publient des chartes mettant en avant leur engagement "responsable", "éthique" et en faveur d'un "développement durable" autant que "participatif". Prendre au sérieux ces chartes, pour des chercheurs en sciences sociales par exemple, implique de faire qu'il y ait un marché des agences et des systèmes de notation et que la prise en charge du suivi de ces textes ne reste pas dans les seules mains des entreprises qui souhaitent se faire (bien) noter (ceci ne sera manifestement pas une affaire d'État, et nous ne pouvons pas nous réfugier derrière un appel à ce dernier pour nous dispenser de réfléchir ou d'agir). Le risque est certes réel que les "petits arrangements" dominent, ainsi va la vie, mais c'est à chacun de faire que la "société civile" (et nous en tant que professionnels) nous réappropriions cette activité. Si ces notations sont couplées avec des modes d'action publique (impliquant par exemple une publicité négative en cas de non-respect d'engagements pris volontairement, rappelons-le), le coût du dérapage sera plus élevé. S'engager personnellement (comme sociologue ou économiste par exemple) est donc possible – même si cela n'empêche pas de se lancer dans la création d'entreprise, de maintenir une posture critique (dans les colonnes d'un journal comme *Le Monde*), d'intervenir auprès des administrations d'État ou des collectivités régulièrement élues en tant que "conseiller du prince" – et de demander l'intervention législative ou réglementaire de ces dernières. Les régulations qu'imposent les autorités relevant du suffrage universel sont en effet des conquêtes importantes et sur lesquelles nous n'avons rien à céder ; elles ont notamment l'avantage de polariser les autres régimes d'action, de "normer" démocratiquement le social et la vie économique, et elles restent donc décisives. Ceci étant, rien n'oblige à nous décharger pleinement sur elles et à attendre – d'autant plus qu'aucune structure ne doit échapper au regard vigilant du social, y compris l'État et ses administrations, nous ne le savons que trop bien.

En guise de conclusion...

Même s'il a cherché à rassembler des études de natures très différentes, ce livre a laissé beaucoup de choses dans l'ombre. Certaines sont pourtant essentielles pour qui souhaite penser les sciences en société aujourd'hui (et penser la société en science), pour qui souhaite décrire ce qui lie sciences, société civile, États, industries et finance, comme ce que la techno-science industrielle produit comme savoir, objets techniques et comme rêves, cauchemars et possibles. C'est le cas de toutes les questions éthiques, que je n'ai pas pu aborder, des éthiques de l'environnement aux questions que suscitent le travail sur les cellules souches ou les pratiques de clonage. C'est le cas des études essayant de mesurer les risques, études hautement "médiées" par des chiffres et des modèles, de la confiance que nous accordons à ces prévisions comme de la manière dont nous devons les articuler au débat démocratique. Tout ne peut se dire, c'est ainsi – et il vaut mieux en rester là.

Je suis toutefois frappé, ayant commencé à concevoir ce livre il y a deux ans, par la vitesse avec laquelle l'histoire nous rattrape et nous prend à revers. Les intellectuels, lorsqu'ils écrivent et pensent leurs sujets, ne peuvent que croire et espérer qu'ils saisissent quelque chose de vrai et d'essentiel. Si ce n'était pas le cas, s'ils ne travaillaient pas avec cet espoir chevillé au corps – et s'ils n'y réussissaient jamais – ils changeraient certainement de métier ou le prendraient moins à cœur. Et pourtant, à un autre niveau comme on dit, ils savent combien il sont liés à l'instant qui les voit travailler, combien ils sont aveugles au monde et à eux-mêmes. Et la certitude qu'ils ont de cet aveuglement vient souvent du fait qu'ils sont régulièrement surpris par les soudaines transformations du monde qui les entoure, transformations qu'ils n'avaient pas vu venir et qui les obligent, soudainement, à changer de point de vue, à insister sur une autre facette des choses.

Un discours sur lequel je me suis initialement appuyé est celui de Gibbons, Nowotny et de leurs collègues – même s'il n'est pas le seul. En ce début de 2003, à la suite de l'éclatement de la bulle spéculative des "nouvelles technologies", à la suite d'affaires multiples ayant miné la fascination exercée par la nouvelle économie de la connaissance – et surtout à la veille d'une guerre qui semble devoir advenir pour des raisons autres que celles qu'on nous donne – ces textes apparaissent (mais beaucoup d'autres avec eux) comme quelque peu "décalés", comme peu en prise avec les questions les plus urgentes. Bien des thématiques allant de soi au milieu des années 1990 pour penser l'univers contemporain – celles du mode 2 par exemple, ou celles qui ont conçu notre présent sur le mode d'une post- ou hypermodernité individualiste et enfin ludique – paraissent soudainement relever d'un autre âge, d'une histoire que nous nous serions racontée, d'une croyance naïve même si chaleureuse et bon enfant. Un fait, en particulier, a resurgi devant nous : la violence ordinaire des nations puissantes vis-à-vis des faibles, comme l'injustice des discours de légitimation qu'elles tiennent ; la dureté de la loi du plus fort à peine masquée par les mots, comme les discours messianiques de tous bords ; le retour d'un unilatéralisme inquiétant en matière internationale. Nous ne devons pas abandonner ce que nous avons conçu dans les dernières décennies (en termes de valeurs comme dans les thématiques de la démocratie dialogique ou de la participation responsable) mais nous devons réinstaller au cœur de nos analyses tout ce qui relève d'une *Realpolitik* drastiquement conçue. C'est ce à quoi ce livre souhaitait contribuer – j'espère qu'il y a en partie réussi.

Références bibliographiques

ABÉLÈS Marc, 2002. *Les nouveaux riches, un ethnologue dans la Silicon Valley*. Odile Jacob, Paris.

AGUITON Christophe, 2001. *Le monde nous appartient*. Plon, Paris.

ALDER Ken, 1997. *Engineering the Revolution ; Arms and Enlightenment in France, 1763-1815*. Princeton University Press, Princeton.

ALLAIS Maurice, 1998. Amsterdam : une erreur historique, *Le Figaro*, 23 novembre 1998.

ALLAIS Maurice, 2002. L'aveuglement des politiques face aux délocalisations. Multinationales et libre-échangisme, *Le Figaro*, 11 décembre 2002.

ANCORI Bernard, 2003. Expertise universitaire et plate-forme cognitive, *in* B. Ancori et P. Cohendet (dir.), *Économies fondées sur la connaissance et nouveaux espaces d'expertise : la place et le rôle de l'Université*. Strasbourg, BETA/IRIST/LES, Rapport collectif en réponse à l'appel d'offre exceptionnel du Conseil scientifique de l'Université Louis Pasteur.

ANDRESKY Fraser Jill, 2001. *White Collar Sweat-Shop, The Deterioration of Work and Its Rewards in Corporate America*. WW Norton, New York.

APPIAH Kwame Anthony, GATES Henry Louis Jr, 1995. *Identities*. The University of Chicago Press, Chicago.

AURAY Nicolas, 1997. Ironie et solidarité dans un milieu technicisé ; les défis contre la protection dans des collectifs de "hackers". *Raisons pratiques, 8*, 177-202.

BACHELARD-JOBARD Catherine, 2001. *L'eugénisme, la science et le droit*. PUF, Paris.

BALIBAR Étienne, 2001. *Nous, citoyens d'Europe ? Les frontières, l'État, le peuple*. La Découverte, Paris.

BALOGH Brian, 1991. Reorganizing the Organisational Synthesis : Federal-Professional Relations in Modern America. *Studies in American political development, 5*, 119-172.

BARRET-DUCROCQ Françoise (dir.), 2002. *Quelle mondialisation ?* Grasset, Paris.

BARRY Michael, 2001. L'humanitaire n'est jamais neutre. *Libération*, 6 novembre 2001.

BAUDELOT Christian, GOLLAC Michel *et al.*, 2003. *Travailler pour être heureux ? Le bonheur et le travail en France*. Fayard, Paris.

BAUMAN Zygmunt, 1993. *Postmodern Ethics*. Blackwell, Oxford.

BAUMAN Zygmunt, 1998. *Globalization, The Human Consequences*. Polity Press, Cambridge.

BEAUD Stéphane, PIALOUX Michel, 1999. *Retour sur la condition ouvrière, Enquête aux usines Peugeot de Sochaux – Montbéliard*. Fayard, Paris.

BECK Ulrich, 1993. De la société industrielle à la société du risque. *Revue Suisse de Sociologie, 19*, 311-337.

BECK Ulrich, 2000. *What is Globalization ?* Polity Press, Cambridge.

BECK Ulrich, 2001. *La société du risque*. Alto Aubier, Paris (1ère édition 1986).

BECK Ulrich, GIDDENS Anthony, LASH Scott, 1994. *Reflexive Modernization, Politics, Tradition and Aesthetics in the Modern Social Order*. Polity Press, Cambridge.

BENKIMOUN Paul, 2002. Sida : le pire reste à venir. *Le Monde*, 22 août 2002.

BENNETT Jim A., 1982. *The compleat Surveyor. Published to accompany a Special Exhibition at the Whipple Museum of the History of Science*. Whipple Museum of the History of Science, Cambridge.

BENNETT Jim A., 1987. *The Divided Circle. A History of Instruments for Astronomy, Navigation and Surveying*. Phaiden/Christies, Oxford.

BENNETT Jim A., 1995. *The measurers : A Flemish Image of Mathematics in the 16th Century*. Museum of the History of Science, Oxford.

BENNETT Jim, JOHNSTON S., 1996. *The Geometry of War, 1500-1750*. The Museum of the History of Science, Oxford.

BERKOWITZ Ari, KEVLES Daniel J., 2002. Patenting Human Genes. The Advent of Ethics in the Political Economy of patent Law. To be published *in* Magnus, David (ed.), *Who Owns Life ?* MIT, Cambridge.

BERTRAND Agnès, KALAFATIDES Laurence, 2002. *OMC, le pouvoir invisible*. Fayard, Paris.

BIAGIOLI Mario, 1993. *Galileo Courtier, the Practice of Science in the Culture of Absolutism*. Chicago University Press, Chicago.

BIGG Charlotte, 2001. *Behind the Lines : Spectroscopic Enterprises in Early Twentieth Century Europe*. Thèse de doctorat (PhD), Université de Cambridge.

BIZET Jean, 2000. Sécurité alimentaire : le *Codex Alimentarius. Rapport d'information 450* (1999-2000), délégation du Sénat pour l'Union Européenne (www.senat.fr/rap).

BLONDEL Christine, 1997. Electrical Instruments in 19th century France, Between Makers and Users, *History and Technology, 13,* 157-182.

BOLTANSKI Luc, CHATEAURAYNAUD Francis, DEROUET Jean-Louis, LEMIEUX Cyril, TORNY Didier, 1996. Alertes, affaires et catastrophes. Logique de l'accusation et pragmatique de la vigilance, *Séminaire du Programme Risques collectifs et situations de crise, Cinquième séance, 15 février 1996.* CNRS, Paris.

BOLTANSKI Luc, CHIAPELLO Eve, 2000. *Le nouvel esprit du capitalisme*. Gallimard, Paris.

BOMSEL Olivier, LE BLANC Gilles, 2000. *Dynamiques industrielles et réglementaires des télécoms : une comparaison États-Unis/France*. IFRI, Paris. Note n° 29, série "Le nouveau défi américain".

BONNEUIL Christophe, 2000. Development as Experiment : Science and State Building in Late Colonial and Postcolonial Africa, 1930-1970, *OSIRIS, Nature and Empire, Science and the Colonial Enterprise, 15*, 258-281.

BOUDIA Soraya, 2001. *Marie Curie et son laboratoire; Sciences et industrie de la radioactivité en France*. Éditions des Archives Contemporaines, Paris.

BOUKHARI Sophie. Soils in torment, *site web de The UNESCO Courier* (http://www.unesco.org/courier).

BOURDIEU Pierre, 2001. *Science de la science et réflexivité.* Raisons d'agir, Paris.

BOYER Robert, SAILLARD Yves, 2002. *Théorie de la régulation, l'état des savoirs*. La Découverte, Paris.

BOYER Robert, 2002. *La croissance début de siècle, De l'octet au gène*. Albin Michel, Paris.

BOYLE James, 2002. Fencing off ideas, *Daedalus*, 13-25.

BUDERI Robert, 2000. *Engines of Tomorrow.* Simon and Schuster, New York.

BUGOS Glenn E., KEVLES Daniel J., 1992. Plants as Intellectual Property : American Practice, Law, and Policy in World Context, *Osiris, 7*, 75-104.

Cadres CFDT. Pour un État efficace (n° 394), Les professionnels autonomes (n° 395), Identité(s) et négociations (n° 396), Moderniser les administrations publiques (n° 399), Évaluation globale et management responsable (n° 400, juillet 2002, Responsabilité, déontologie, éthique (n° 401-402, novembre 2002).

Cahiers des Sciences Humaines. ORSTOM éditions, n° 27 (1-2), 1991, La sécurité alimentaire à l'heure du néolibéralisme ; n° 30 (1-2), 1994, Marché et développement.

CALLON Michel, 1998. Des différentes formes de démocratie technique. *Annales des Mines, Responsabilité et Environnement, 9*, 63-73.

CALLON Michel, LASCOUMES Pierre, BARTHES Yannick, 2001. *Agir dans un monde incertain, essai sur la démocratie technique.* Seuil, Paris.

CARAMEL Laurence, 2002. L'idée de taxer les flux de capitaux continue de diviser la communauté internationale. *Le Monde*, 9 avril 2002, supplément, V.

CASSIER Maurice, GAUDILLIÈRE Jean-Paul, 2000. Recherche, médecine et marché : la génétique du cancer du sein, *Sciences Sociales et Santé, 18*, 29-50.

CASTEL Odile, 2002. *Le Sud dans la mondialisation, Quelles alternatives ?* La Découverte, Paris.

CASTEL Robert, 1995. *Les métamorphoses de la question sociale. Une chronique du salariat*. Fayard, Paris.

CASTEL Robert, HAROCHE Claudine, 2001. *Propriété privée, propriété sociale, propriété de soi*. Fayard, Paris.

CASTONGUAY Stéphane, 1998. *La dynamique du changement scientifique en contexte gouvernemental, l'entomologie économique au Canada, 1909-1959*. PhD, Université du Québec à Montréal.

CHANIAL Philippe, 2001. *Justice, don et association. La délicate essence de la démocratie*. La Découverte / MAUSS, Paris.

CHATEAURAYNAUD Francis, 1999. Qui est garant de la vigilance collective ? *Environnement et Société, 23*, 7-32.

CHATEAURAYNAUD Francis, TORNY Didier, 1999. *Les sombres précurseurs, Une sociologie pragmatique de l'alerte et du risque*. EHESS, Paris.

CHAUVEL Louis, 2002. Interview "Ouvriers et employés ont de bonnes raisons de se sentir pris au piège". *Libération*, 18 juin 2002.

COHEN Yves, 2001. *Organiser à l'aube du taylorisme, la pratique d'Ernest Mattern chez Peugeot, 1906-1919*. Presses universitaires franc-comtoises, Besançon.

COLLIN Denis, 2001. *Morale et justice sociale*. Seuil, Paris.

CONDIT Phil, 2002. Chairman and chief executive of Boeing, interview : The Vantage Visionary, *The Guardian*, 13 juillet 2002.

CORIAT Benjamin, ORSI Fabienne, 2002. Establishing a New Intellectual Property Rights in the United States, Origins, Content, Problems. *Research Policy*, vol. 31, n°7-8.

CORCUFF Philippe, 2002. *La société de verre, Pour une éthique de la fragilité*. Armand Colin, Paris.

COWAN Robin, FORAY Dominique, 1998. *L'économie de la codification et de la diffusion des connaissances*. IMRI / INSTN, Université Paris Dauphine, Paris, Working paper 98/02.

CROMBIE Alistair Cameron, 1994. *Styles of Scientific Thinking in the European Tradition : The History of Argument and Explanation Especially in the Mathematical and Biomedical Sciences and Arts*. Duckworth, London.

CROUCH Colin, 1999. *Social Change in Western Europe*. Oxford University Press, Oxford.

DAHAN Amy, PESTRE Dominique (dir.), 2003. *Les sciences dans et pour la guerre*. EHESS, Paris.

DAO James, 2002. America Plays The Great Game All Alone. *The New York Times*, supplément au *Monde*, 14-15 juillet 2002.

DASGUPTA Partha, 2000. Science as an Institution : Setting Priorities in a New Socio-economic Context, *World Conference on Science, Science for the 21st century, A New Commitment*, UNESCO, Paris, 264-271.

DASGUPTA Partha, DAVID Paul, 1994. Toward a new economics of science. *Research Policy, 23 (5),* 487-521.

DAUVIN Pascal, SIMÉANT Johanna, 2002. *Le travail humanitaire. Les acteurs des ONG, du siège au terrain.* Presses de Sciences Po, Paris.

DAVID Paul, FORAY Dominique, STEINMUELLER W. Edward, 1998. *The Research Network and the New Economics of Science : From Metaphors to Organisational Behaviours.* IMRI / INSTN, Université Paris Dauphine, Paris, Working paper 98/03,

DECLERCK Patrick, 2001. *Les naufragés. Avec les clochards de Paris*. Plon, Paris.

DEJOURS Christophe, 1998. *Souffrance en France. La banalisation de l'injustice sociale*. Seuil, Paris.

DELER Jean-Paul, FAURÉ Yves-André, PIVETEAU Alain, ROCA Pierre-Jean, 1998. *ONG et développement. Société, économie, politique*. Karthala, Paris.

DEMAZIÈRE Didier, PIGNONI Maria-Teresa, 1998. *Chômeurs : du silence à la révolte. Sociologie d'une action collective.* Hachette, Paris.

DREYFUS Michel, 2001. *Liberté, égalité, mutualité – Mutualisme et syndicalisme, 1852-1967*. Ed. de l'Atelier, Paris.

DUFUMIER Marc, 1996. *Les projets de développement agricole, manuel d'expertise*. Karthala, Paris.

DUPOUEY Paul, 2002. Le grand formatage ? Lire les chartes. *Cadres CFDT, 401-402*, novembre 2002, 51-55.

DUPUY Jean-Pierre, 2002. *Pour un catastrophisme éclairé. Quand l'impossible est certain*. Seuil, Paris.

ECKERT Michael, SCHUBERT Helmut, 1990. *Crystals, Electrons, Transistors : From Scholar's Study to Industrial Research*. AIP, New York.

EDGERTON David, 1997. Science in the United Kingdom : A Study in the Nationalization of Science, *in* Krige, Pestre, 759-776.

EISENBERG Rebecca S., NELSON Richard R., 2002. Public vs. proprietary science. *Daedalus,* 89-101.

ERKMAN Suren, 2001. L'écologie industrielle, une stratégie de développement. *Le Débat, 113* (janvier-février 2001), 107-121.

FELMAN G., 1980. Industria e scienza in Germania, 1918-1939, Battimelli G., M. De Maria, A. Rossi (eds.), *La ristrutturazione delle scienze tra le due guerre mondiali.* Editrice universitaria, Roma, 117-131.

FITOUSSI Jean-Paul, 2002. Démocratie et mondialisation. *Revue de l'OFCE*, hors série, mars 2002, 7-18.

FORAY Dominique, LUNDVALL Bengt Aken, 1997. Une introduction à l'économie fondée sur la connaissance, *in* B. Guilhon, P. Huard, M. Orillard, J.B. Zimmermann, *Économie de la connaissance et organisations*. L'Harmattan, Paris,16-38.

FORAY Dominique, 1999. Science, Technology and the Market, *World Social Science Report*, UNESCO.

FORAY Dominique, 2000. *L'économie de la connaissance*. La Découverte, Paris.

FORAY Dominique, 2001. Science, technologie et marché, *in Les sciences sociales dans le monde*. Editions UNESCO et MSH, Paris.

FORAY Dominique, à paraître. Trois modèles d'innovation dans l'économie de la connaissance *in l'Encyclopédie de l'innovation* (Ph. Mustard et H. Pénan, dir.).

FOURCADE-GOURINCHAS Marion, 1995. *The Social Organization of Economic Research*, term paper for History of Science. Harvard University : May 16, 1995.

FOX Robert, 1990. France, Research, Education and the Industrial Economy in Modern France, *The Academic Research Enterprise within the Industrialized Nations : Comparative Perspectives : Report of a Symposium*. NSF, Washington D.C., 95-106.

FRACHON Alain, 2002. Le nouveau "modèle" suédois, *Le Monde*, 21 juin 2002.

FULLER Steve, THOMAS Kuhn, 2000. *A Philosophical History for Our Times*. The University of Chicago Press, Chicago.

GASPARINI William, 2001. Les raves dans la logique libérale. *Libération*, 28 juin 2001.

GAUCHET Marcel, 2002. *La démocratie contre elle-même*. Gallimard, Paris.

GAUDILLIÈRE Jean-Paul, 2002. *Inventer la biomédecine, La France, l'Amérique et la production des savoirs du vivant, 1945-1965*. La Découverte, Paris.

GAUDILLIÈRE Jean-Paul, CASSIER Maurice, 1998. *Production, Valorisation et usages des savoirs, la génétique du cancer du sein*. INSERM-CNRS, CERMES, Paris. Rapport de recherche, Convention MIRE 3/1998.

GAULBERT Didier, 2001. Un modèle social dépassé. *Libération*, 29 octobre 2001.

GIBBONS Michael, WITTROCK Björn, 1985. *Science as a Commodity, Threats to the open community of scholars*. Essex Longman, Harlow.

GIBBONS *et al.*, 1994. *The New Production of Knowledge. The Dynamics of Science and Research in Contemporary Societies*. Sage, London.

GODIN Benoît, 1998. Writing Performative History : The New Atlantis ? *Social Studies of Science*, *28*, 465-483.

GORTZ André, 1997. *Misères du présent, Richesse du possible*. Galilée, Débats, Paris.

GRÉAU Jean-Luc, 2000. Fonds de pension : les grandes illusions. *Le Débat, 108*, janvier-février 2000.

GROSSBERG Lawrence, NELSON Cary, TREICHLER Paula, 1992. *Cultural Studies*. Routledge, New York.

GUATTARI Félix, 1989. *Les trois écologies*. Galilée, Paris.

GUINZBURG Carlo, 1989. *Mythes, emblèmes, traces*. Flammarion, Paris.

GUYON Etienne, TROADEC Jean-Paul, 1994. *Du sac de billes au tas de sable*. Éditions Odile Jacob, Paris.

HABERMAS Jürgen, 2002. *L'avenir de la nature humaine, Vers un eugénisme libéral ?* NRF "Essais", Gallimard, Paris.

HARAWAY Donna, 1989. *Primate visions, Gender, Race, and Nature in the World of Modern Science*. Routledge, New York.

HATCHUEL Armand. à paraître. Agir public et conception collective : l'expertise comme processus démocratique, *in* E. Heurgon, J. Landrieu (dir.), *Pour une expertise démocratique*. Éditions de l'Aube, Paris.

HERMITTE Marie-Angèle, 1996. Le rôle du droit dans les phénomènes de crise. L'expérience de la transfusion sanguine, *Séminaire du Programme Risques Collectifs et Situations de Crise, Sixième séance, 6 juin 1996*. CNRS, Paris.

HERMITTE Marie-Angèle, 1998. Pour une agence de l'expertise scientifique. *La Recherche, 309*, mai 1998, 95-97.

HERMITTE Marie-Angèle, DORMONT Dominique, 2000. Propositions pour le principe de précaution à la lumière de l'affaire de la vache folle, *in* Kourilsky, Viney, *Le principe de précaution*, Rapport au Premier ministre, Odile Jacob, La Documentation française, Paris, 341-386.

HESSE Carla, 2002. The rise of intellectual property, 700 B.C. – A.D. 2000 : an idea in the balance, *Daedalus*, Spring 2002, 26-45.

HILAIRE-PÉREZ Liliane, 1990. Invention, politique et société en France dans la seconde moitié du XVIIIe siècle, *Revue d'Histoire Moderne et Contemporaine, 37*, 36-63.

HIRST Paul, THOMPSON Grahame, 1999. *Globalization in question, the international economy and the possibilities of governance*. Blackwell, Londres.

History and Technology 1994, numéro spécial *The Electronics Challenge : an Historical Perspective.*

History and Technology 1997, numéro spécial *Science, Industry, and Medecine, The Curie Laboratories.*

HOBSBAWM Eric, RANGER Terence, 1996. *The Invention of Tradition*. Cambridge University Press, Cambridge.

HOURCADE Jean-Charles. L'expertise face à la crise du politique : leçons de quinze ans de négociations environnementales sur la gestion du climat. Papier pour la conférence *L'organisation du recours à l'expertise scientifique en situation d'incertitude*, Paris, 10 et 11 janvier 2002, ancienne École polytechnique.

JAS Nathalie, 2001. *Au carrefour de la chimie et de l'agriculture. Les sciences agronomiques en France et en Allemagne, 1840-1914*. Éditions des Archives Contemporaines, Paris.

JASANOFF Sheila, 1992. Science, Politics, and the Renegociation of Expertise at PEA. *Osiris*, 7, 195-217.

JASANOFF Sheila, 1996. Beyond Epistemology : Relativism and Engagement in the Politics of Science. *Social Studies of Science, 26*, 393-418.

JOHNSON Jeffery Allan, 1990. *The Kaiser's Chemists, Science and Modernization in Imperial Germany*. The University of North Carolina Press, Chapel Hill.

JOLY Pierre-Benoît, 1999. Besoin d'expertise et quête d'une légitimité nouvelle : quelles procédures pour réguler l'expertise ? *Revue Française des Affaires Sociales, 1*, janvier-mars 1999, 45-52.

JOLY Pierre-Benoît, 1999. *Les choix scientifiques et techniques à l'épreuve de la participation citoyenne : la conférence citoyenne sur les OGM en France*. Document provisoire, atelier du CERMES, Paris, décembre 1999, 48 pages.

JOLY Pierre-Benoît, 2001. Les OGM entre la science et le public ? Quatre modèles pour la gouvernance de l'innovation et des risques. *Économie Rurale, 266*, 11-29.

JONAS Hans, 1995. *Le principe de responsabilité, Une éthique pour la civilisation technologique*. Flammarion, Paris (première édition 1979).

JOXE Alain, 2002. *L'empire du chaos, Les républiques face à la domination américaine dans l'après-guerre froide*. La Découverte, Paris.

KAHN Annie, 2001. La recherche et développement échappe aux restrictions budgétaires. *Le Monde*, 6 novembre 2001.

KALAORA Bernard, 1999. Global Expert : la religion des mots. *Ethnologie Française, XXIX*, 513-527.

KEVLES Daniel J., 2002. *A History of Patenting Life in the United States with Comparative Attention to Europe and Canada* (Luxembourg, European Communities, A report to the European Group on Ethics in Science and New Technologies).

KLEINMAN Lee, 1998. Beyond the Science Wars : Contemplating the Democratization of Science. *Politics and the Life Sciences, 16(2),* September 1998, 133-145.

KLOPPENBURG Jack-Ralph, 1998. *First the Seed, the Political Economy of Plant Biotechnologies, 1492-2000*. Cambridge University Press, Cambridge.

KOHLSTEDT Sally G., ROSSITER Margaret W. (eds), 1985. Historical Writing on American Science. *Osiris, special issue, 1*.

KOURILSKY Philippe, VINEY Geneviève, 2000. *Le principe de précaution*. Odile Jacob, La Documentation Française, Paris.

KRIGE John, PESTRE Dominique (dir.), 1997. *Science in the Twentieth Century*. Harwood Academic Publishers, Amsterdam, 1000 p.

KUHN Thomas, 1983. *La structure des révolutions scientifiques*. Flammarion, Paris (premières éditions 1962, 1970).

LADRIÈRE Paul, 2001. *Pour une sociologie de l'éthique*. PUF, Paris.

LAGADEC Patrick, 2001. Retour d'expérience : théorie et pratique ; le rapport de la Commission d'enquête britannique sur l'encéphalopathie spongiforme bovine (ESB) au Royaume-Uni entre 1986 et 1996. *Cahiers du GIS. Risques collectifs et situations de crise, n° 1*, juillet 2001.

LAHMAR Rabah, 1998. *Des sols et des hommes*. C. L. Mayer, Paris.

LARONCHE Martine, 2001. L'Organisation mondiale du commerce tente de se concilier la société civile. *Le Monde*, 4 septembre 2001, supplément VI.

LARRÈRE Catherine, 1997. *Les philosophies de l'environnement*. PUF, Paris.

LASCOUMES Pierre, 2001. Productivité des controverses et renouveau de l'expertise, www.penserlessciences.free.fr.

LASCOUMES Pierre, CALLON Michel, BARTHE Yannick, 1997. Information, consultation, expérimentation : les activités et les formes d'organisation au sein des forums hybrides, *Séminaire du Programme Risques collectifs et situations de crise, huitième séance*, 12 juin 1997, CNRS, Paris.

LASH Scott, SZERSZYNSKI Bronislaw, WYNNE Brian (eds), 1996. *Risk, Environment and Modernity, Towards a New Ecology*. Sage, London.

LATOUR Bruno, 1994. Sociologie des sciences, analyse des risques collectifs et des situations de crise, *Séminaire du Programme risques collectifs et situations de crise, première séance*, 15 novembre 1994, CNRS, Paris.

LATOUR Bruno, 1996. *Petite réflexion sur le culte moderne des dieux faitiches*. Les empêcheurs de penser en rond, Paris.

LATOUR Bruno, 1999. *Politiques de la nature, Comment faire entrer les sciences en démocratie*. La Découverte, Paris.

LAVIGNE DELVILLE Philippe, SELLAMNA Nour-Eddine, MATHIEU Marilou (dir.), 2000. *Les enquêtes participatives en débat, Ambitions, pratique et enjeux*. GRET, Karthala et ICRA, Paris.

LAWRENCE Christopher, 1997. Clinical Research, *in* Krige, Pestre, 439-459.

LEE Kelley, 1996. The Conscience of the World, the Influence of NGO in the UN System. *Disasters, 20* (4), 363-4.

LEFORT Claude, 1986. *Essais sur le politique, XIXe-XXe siècles*. Seuil, Paris.

LEFORT Claude, 1999. *La complication, Retour sur le communisme*. Fayard, Paris.

LE GOFF Jean-Pierre, 2002. *La démocratie post-totalitaire*. La Découverte, Paris.

LELONG Benoît, 1995. *Vapeurs, foudres et particules, Les pratiques expérimentales de l'ionisation des gaz à Paris et à Cambridge, 1895-1914* (thèse de 3e cycle, université Paris VII).

LEPETIT Bernard (dir.), 1995. *Les formes de l'expérience*. Albin Michel, Paris.

LEVIDOW Les, MARRIS Claire, à paraître. *Science and Governance in Europe : Lessons from the case of agbiotech*.

LEYDESDORFF Loet, 1997. The New Communication Regime of University - Industry - Government Relations, *in* Etzkowitz Henry, Leydesdorff Loet (eds.), *Universities and the Global Knowledge Economy, A Triple Helix of University - Industry - Government Relations*. Pinter, London, 106-117.

LICOPPE Christian, 1996. *La formation de la pratique scientifique*. La Découverte, Paris.

LINDQVIST Sven, 2001. *A History of Bombing*. Granta, Londres.

MADELEY John, 2002. *Le commerce de la faim*. "Enjeux Planète", Éditions de l'Atelier, Paris.

MARTIN F., 1994. Mémoire de DEA, université de Paris VII.

MERSON John, 2000. Bio-prospecting or Bio-piracy : Intellectual Property Rights and Biodiversity in a Colonial and Postcolonial Context. *OSIRIS, Nature and Empire, Science and the Colonial Enterprise, 15*, 282-296.

MICHAUD Yves, 2002. *Humain, inhumain, trop humain. Réflexions philosophiques sur les biotechnologies, la vie et la conservation de soi à partir de l'œuvre de Peter Sloterdijk.* Climats, Paris.

MINARD Philippe, 1994. *Les inspecteurs des manufactures en France, de Colbert à la Révolution Française*. Thèse, Paris I.

MINNS Richard, 2001. *The Cold War in Welfare, Stock Markets versus Pensions*. Verso, London.

MONTAGNE Sabine, 2000. Les fonds de pension dans l'économie américaine. *La lettre de la régulation, 34* (septembre 2000), 1-4.

MOREAU DEFARGES Philippe, 2001. Gouvernance. *Le Débat, 115* (mai-août 2001), 165-172.

Multitudes, 2, mai 2000.

NDIAYE Pap, 2001. *Du nylon et des bombes : Du Pont de Nemours, le marché et l'État américain : 1900-1970.* Belin, Paris.

NOIVILLE Christine, GOUYON Pierre-Henri, 2000. Principe de précaution et organismes génétiquement modifiés. Le cas du maïs transgénique, *in* Kourilsky, Viney, *Le principe de précaution*, Rapport au premier ministre, Odile Jacob, La Documentation française, Paris, 277-340.

NOIVILLE Christine, *Expertise et droit*, 2001, www.penserlessciences.free.fr.

NOWOTNY Helga, SCOTT Peter, GIBBONS Michael, 2001. *Re-Thinking Science, Knowledge and the Public in an Age of Uncertainty*. Polity Press, Cambridge.

OLIVIER DE SARDAN Jean-Pierre, 1995. *Anthropologie et développement*. Karthala, Paris.

ORLÉAN André, 2002. *La monnaie entre violence et confiance*. Odile Jacob, Paris.

OSORIO Nestor, directeur général de l'Organisation internationale du café, interview : La libéralisation ne profite qu'aux multinationales, *Libération*, 7 juin 2002.

PAVITT Keith, 1997. Academic Research, Technical Change and Government Policy, *in* Krige, Pestre, 143-158.

PERKINS John H., 1997. *Geopolitics and the Green Revolution, Wheat, Genes, and the Cold War*. Oxford University Press, New York.

PESTRE Dominique, 1984. *Physique et physiciens en France, 1918-1940*. Éditions des Archives Contemporaines, Paris.

PESTRE Dominique, 1989. Louis Néel, le magnétisme et Grenoble. Récit de la création d'un empire physicien dans la province française : 1940-1965, *in Cahiers pour l'Histoire du CNRS, 8*.

PESTRE Dominique, JACQ François, 1996. Une recomposition de la recherche académique et industrielle en France dans l'après-guerre, 1945-1970. Nouvelles pratiques, formes d'organisation et conceptions politiques. *Sociologie du travail, 3,* 263-277.

PESTRE Dominique, 2001. Études sociales des sciences, politique et retour sur soi. Éléments pour sortir d'un débat convenu. *Revue du MAUSS, Chassez le naturel... Écologisme, naturalisme et constructivisme, n°17*, 180-196.

Politique Africaine (Karthala), 73 (mars 1999), *L'État en voie de privatisation.*

POSNER Richard A., 2002. The law and economics of intellectual property. *Daedalus*, 5-12.

RABEHARISOA Vololona, CALLON Michel, 1999. *Le pouvoir des malades, L'association française contre les myopathies et la recherche*. École des Mines, Paris.

La Recherche, 300 ans de science, juillet-août 1997.

REICH Leonard S., 1985. *The Making of American Industrial Research : Science and Business at GE and Bell, 1876-1926*. Cambridge University Press, Cambridge.

RICHET Isabelle, 2002. *Les dégâts du libéralisme. États-Unis : une société de marché*. Textuel, Paris.

RICOEUR Paul, 1991. Postface au *Temps de la Responsabilité, Lectures 1, Autour du politique*. Seuil, Paris, Essais.

ROMANO Sergio, 2001. *Le grand désordre mondial, 1989-2001*. Editions des Syrtes, Paris.

ROMI Raphaël, à paraître. *Codex Alimentarius : de l'ambivalence à l'ambiguïté.*

ROUSTANG Guy *et al.*, 1996. *Vers un nouveau contrat social.* Desclée de Brouwer, Paris.

ROWE Gene, FREWER Lynn J., 2000. Public Participation Methods, A Frame for Evaluation. *Science, Technology and Human Values, 25(1),* 3-29.

ROY Alexis, 2001. *Les experts face au risque : le cas des plantes transgéniques.* PUF, Paris.

SAVIGNAC Emmanuelle, WASER Anne-Marie, 2003. *Start-up, Les rois éphémères.* Descartes et Cie, Paris.

SCHAFFER Simon, 1992. The manufactory of ohms, *in* S. Cozzens, R. Bud (eds), *Invisible connections.* SPIE Press, 23-56.

SCHAFFER Simon, 1995. The show that never ends : Perpetual motion in the early 18th century. *British Journal for the History of Science*, 28, 157-189.

SCLOVE Richard, 1995. *Democracy and Technology.* The Guilford Press, New York.

SCLOVE Richard, SCAMMELL Madeleine L., HOLLAND Breena, 1998. *Community-Based Research in the United States, An Introductory Reconnaissance.* The Loka Institute, Amherst, Mass. (http://www.loka.org).

SCOTT James C., 1998. *Seeing Like a State, How Certain Schemes to Improve the Human Condition Have Failed.* Yale University Press, New Haven.

SMITH Crosbie, WISE Norton M., 1989. *Energy and Empire, William Thomson, Lord Kelvin, 1824-1907.* Cambridge University Press, Cambridge.

SPARY Emma, 2000. *Utopia's Garden, French Natural History from Old Regime to Revolution.* The University of Chicago Press, Chicago.

STEWART Larry, 1992. *The Rise of Public Science*, Cambridge. University Press, Cambridge.

STIGLITZ Joseph E., 2002. *La grande désillusion.* Fayard, Paris.

THIESSE Anne-Marie, 1999. *La création des identités nationales, Europe XVIII-XXe siècles*. Seuil, Paris.

TOURAINE Alain, 1999. *Comment sortir du libéralisme*. Fayard, Paris.

TRAVIS Anthony S., 1993. *The Rainbow Makers, The Origins of the Dyestuffs Industry in Western Europe*. Lehigh University Press, Bethlehem.

TRAVIS Hannibal, 2000. Pirates of the Information Infrastructure : Blackstonian Copyright and the First Amendment. *Berkeley Technical Law Journal, 15(2)*.

VAN DER SLUIJS Jeroen, VAN EIJNDHOVEN Josée, SHACKLEY Simon, WYNNE Brian, 1998. Anchoring Devices in Science for Policy, The case of Consensus around Climate Sensibility. *Social Studies of Science, 28(2)*, 291-323.

VELTZ Pierre, 2000. *Le nouveau monde industriel*. Gallimard, Paris.

VÉRIN Hélène, 1998. La réduction en art et la science pratique au XVIe siècle, *Raisons pratiques,* n° 9 (*Institutions et conventions. La réflexivité dans l'action économique*), 119-144.

VÉRIN Hélène, à paraître. Les paradoxes de la perspective dans la littérature technique, Actes du colloque *l'Artiste et l'œuvre à l'épreuve de la perspective, Rome 19-21 sept. 2002, Éditions de l'École française de Rome.*

VINCENT Pierre-Marie, 1996. *Le droit de l'alimentation*. PUF, Paris, "Que Sais-Je ?".

WARING Stephen P., 1991. *Taylorism Transformed, Scientific Management Theory since 1945*. The University of North Carolina Press, Chapel Hill.

WILLIS Evan, 1998. Public Health, Private Genes, the Social Content of Genetic Biotechnologies. *Critical Public Health, 8(2)*, 131-39.

Table des matières

Ouvrages parus dans la même collection

Les mondes de l'agriculture
Une recherche pour demain
M. Sebillotte, 1996, 260 p.

Société et révolution biologique
Pour une éthique de la responsabilité
A. Kahn, 1996, 96 p.

Entre savoir et décision, l'expertise scientifique
R. Roqueplo, 1997, 112 p.

L'expérience et le modèle
Un discours sur la méthode
J.-M. Legay, 1997, 112 p.

Les usages sociaux de la science
Pour une sociologie clinique du champ scientifique
P. Bourdieu, 1997, 80 p.

Les chercheurs et l'innovation
Regards sur les pratiques de l'INRA
1998, 432 p.

La fin du "tout génétique"
Vers de nouveaux paradigmes en biologie
H. Atlan, 1999, 96 p.

Les savants croient-ils en leurs théories ?
Une lecture philosophique de l'histoire des sciences cognitives
J.-P. Dupuy, 2000, 136 p.

Trois essais sur l'éthique économique et sociale
C. Arnsperger, C. Larrère, J. Ladrière, 2001, 216 p.

Le métier de chercheur
Regard d'un anthropologue
B. Latour, 2001, 108 p. (2e édition revue et corrigée)

La loi sur la recherche de 1982
Origines, bilan et perspectives du "modèle français"
J.-F. Théry, R. Barré, 2001, 136 p.

Les harmonies de la nature à l'épreuve de la biologie
Evolution et biodiversité
P.-H. Gouyon, 2001, 96 p.

L'évaluation du travail à l'épreuve du réel
Critique des fondements de l'évaluation
C. Dejours, 2003, 84 p.

Impression d'après documents fournis
bialec, nancy (France)
Dépôt légal n° 59481 - novembre 2003